기초부터 차근차근

보빈레이스

**기초부터 차근차근
보빈레이스**

초판 1쇄 발행 2018년 11월 22일

지은이 박혜원
펴낸이 이지은 **펴낸곳** 팜파스
기획·진행 이진아 **편집** 정은아
일러스트 정은영 **디자인** 박진희
마케팅 정우룡, 김서희
인쇄 케이피알커뮤니케이션

출판등록 2002년 12월 30일 제10-2536호
주소 서울시 마포구 어울마당로5길 18 팜파스빌딩 2층
대표전화 02-335-3681 **팩스** 02-335-3743
홈페이지 www.pampasbook.com | blog.naver.com/pampasbook
페이스북 www.facebook.com/pampasbook2018
인스타그램 www.instagram.com/pampasbook
이메일 pampas@pampasbook.com

값 16,000원
ISBN 979-11-7026-226-8 (13590)

ⓒ 2018, 박혜원

이 도서의 국립중앙도서관 출판시도서목록(CIP)은 서지정보유통지원시스템 홈페이지
(http://seoji.nl.go.kr)와 국가자료공동목록시스템(http://www.nl.go.kr/kolisnet)에서
이용하실 수 있습니다.(CIP제어번호: CIP2018034819)

기초부터
차근차근

보빈레이스

박혜원 지음

팜파스

들어가면서

안녕하세요.

보빈레이스 하는 박혜원입니다.

보빈레이스를 처음 접한 건 2013년 어느 봄날이었어요.

베개처럼 생긴 둥근 기둥에 수십 개가 넘는 나무막대기가 주렁주렁 달려 있고,

빼곡히 꽂혀 있는 핀들을 보면서 저건 사람이 할 일이 아니야~ 라고

고개를 절레절레 흔들었던 기억이 납니다.

궁금하기도 하고 해보고 싶었지만 차마 엄두가 나지 않아 1년여 정도를 구경만 했죠.

그러던 어느 날!

정말 갑자기, 꼭 해야만 할 것 같은 조급함에 난생 처음 해외 직구를 하고,

영문주소가 적힌 소포를 받아들면서 보빈레이스와의 긴 인연이 시작되었습니다.

한마디로 쉽지 않았습니다.

보빈레이스 책들이 전부 외국 책이어서 낯선 언어들과 씨름해야 했고

동영상을 볼 때는 알겠는데 막상 하려고 보면 머리가 하얘져서 나 뭐 본 거야? 하는

그런 기분이었습니다.

'도대체 뭐 어떻게 하라는 거야!' 그런 황당함이 가득했던 날들이 계속되었어요.

물어볼 사람도 없고 알려줄 사람도 없고,

혼자 해결해야만 했습니다.

정말 미친 듯이 보빈레이스에 매달려 몇 년을 보내고 나니 보빈레이스 강좌를 하게 되고,

전시회도 하고, 또 이렇게 보빈레이스 책을 출간하게 되었습니다.

이 책은 완전 초보자를 위한 책입니다.
기본적인 실 감기부터 마무리, 간단한 스티치에서 응용이 가능하도록
최대한 자세히 풀어보려고 노력했지만, 모자람이 있을 것입니다.
저의 미숙한 걸음으로 보빈레이스를 시작하는 데
작은 도움이라도 되기를 간절히 바라봅니다.

마지막으로 이런 소중한 경험을 할 수 있게 해준 팜파스에 감사드립니다.
손 놓지 않게, 흔들려도 포기하지 않도록 옆에서 잘 잡아준
친구들과 가족들에게 한없이 고마움을 전합니다.

박혜원

Contents

들어가면서 6

Basic
작품에 들어가기 전에

Basic 1 보빈레이스란?

보빈레이스의 역사 14

보빈레이스에 사용되는 도구 16

도구 구매 시 주의사항 22

도구의 구매 22

Basic 2 꼭 알아두어야 할 기본 용어들

시작하기 전에 24

기본 용어

크로스와 트위스트 25

홀 스티치 25

하프 스티치 26

더블 스티치 27

워커 보빈과 패시브 보빈 28

엣지와 엣지 바, 핀 홀 28

소잉 30

실의 연결 30

스티치의 정리 31

마무리 31

Basic 3 도구의 준비

보빈에 실감기 32

필로 만들기 34

도안 준비하기 35

시작 35

Part 1
기본 스티치 연습을 위한 샘플러

기본 스티치 연습을 위한 샘플러 39

홀 스티치 41

홀 스티치와 트위스트가 들어간 둥근 엣지 45

하프 스티치 47

더블 스티치와 둥근 엣지 50

마무리 53

Part 2

작품편

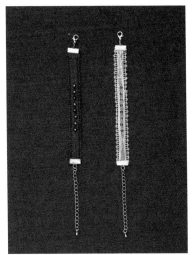

선물하기 좋은 날 1
홀 스티치와 비즈를 이용한 팔찌
057

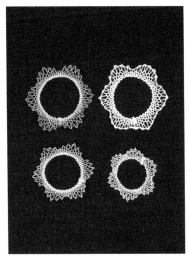

꽃이 되는 드림캐처
하프 스티치로 만드는 꽃 모티브
065

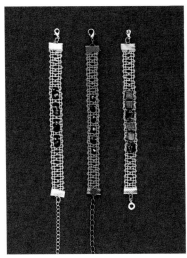

선물하기 좋은 날 2
더블 스티치와 비즈를 이용한 팔찌
075

독서는 나의 힘 1
토션 그라운드 연습을 위한 북마크
083

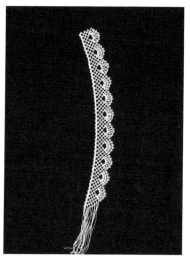

독서는 나의 힘 2
다이아몬드 워크로 만드는 북마크

095

기본에 기본을 더하다 1
토션 그라운드와 팬(fan)이 들어간 엣징

107

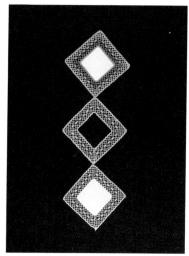

뚝딱! 만드는 반제품 장식 1
스파이더 스티치 연습을 위한 반제품 펜던트

117

느린 오후를 위한 티매트
스파이더 스티치를 응용한 티매트

125

뚝딱! 만드는 반제품 장식 2
허니콤 그라운드 연습을 위한 반제품 장식
137

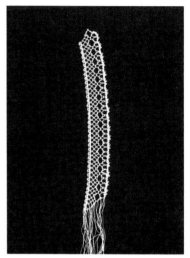

기본에 기본을 더하다 2
허니콤 그라운드가 들어간 엣징
145

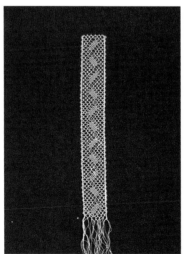

기본에 기본을 더하다 3
김프가 들어간 더블 스티치 토션 그라운드 엣징
· 155

사랑을 담아
하트 모티브
171

Basic

작품에 들어가기 전에

보빈레이스란?

보 빈 레 이 스 의   역 사

보빈레이스는 보빈이라고 하는 막대기에 실을 감아서 오른쪽, 왼쪽으로 교차하면서 무늬를 만드는 레이스입니다.

13세기 무렵부터 행해졌다고 추측되며, 15세기 이후에 전 유럽에 퍼지기 시작했습니다. 그리고 각 지역마다 독특한 보빈레이스가 수녀원이나 레이스 스쿨을 통해 전문적인 교육으로 이어지게 되었습니다.

성직자들이나 귀족들의 옷 장식과 장식품에서부터 침구류나 일상용품까지 광범위하게 사용되었던 보빈레이스는 가내 수공업 형태였기 때문에 산업혁명 이후 기계화의 영향으로 침체기를 겪게 되었습니다.

최근 다시 전통문화에 대한 관심과 교육적인 목적(학생들의 집중력과 손 근육 발달, 노년층의 취미생활 및 치매 예방 등)으로 보빈레이스에 대한 교육이 활발해지고 있습니다.

보빈레이스는 지역마다 독특한 양식으로 발전하였는데, 벨기에의 브루쥐레이스(Bruges lace), 영국의 호니턴레이스(Honiton lace), 토션레이스(Torchon lace), 프랑스의 클루니레이스(Cluny lace), 러시아의 볼로그다레이스(Vologda lace) 등이 유명합니다.

현대에 들어서는 실용적인 목적뿐만 아니라 심미성을 더해서 다양한 시도와 다른 분야와의 접목이 활발해지고 있어서 앞으로 어떻게 변화, 발전해갈지 기대됩니다.

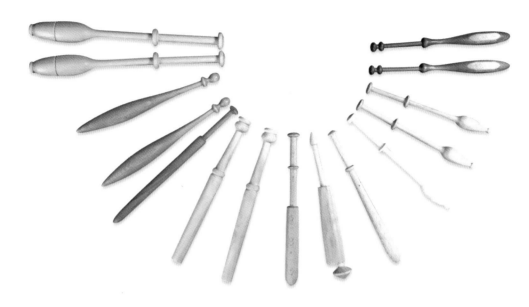

1   **보빈** : 뼈나 나무 등의 기다란 막대기로 실을 감아 사용하는
가장 기본적인 도구입니다.

2   **필로(pillow)** : 도안을 고정하는 도구로 쿠키형, 베개형, 블록,
롤러 등 여러 형태의 필로가 있습니다. 필로 위에 도안을 올려두고
핀으로 고정하면서 스티치를 진행합니다.

3   **실** : 예전에는 린넨사를 많이 사용하였는데 현대에 들어서는 면
사, 실크사, 메탈릭사, 털실, 와이어 등 다양한 실들이 사용됩니다.

4__ 도안 프린트용 종이와 투명지 : 도안을 프린트할 종이는 일반 복사지로도 가능하지만 120g/m 이상의 두께가 있는 종이가 좋습니다. 그리고 도안을 보호하기 위해 시트지를 붙이는데 손 코팅지나 투명 시트지를 이용합니다. 크라프트 보드지를 도안지로 할 경우는 투명지는 사용하지 않아도 됩니다.

5__ 핀 : 필로 위에 도안에 고정하고 스티치한 실들을 도안의 선을 따라 핀을 꽂아서 형태를 유지하는 역할을 합니다. 실의 두께에 따라 다른 굵기의 핀을 사용합니다.

6__ 프리커(Pricker) : 스티치하기 전에 도안의 핀 홀 자리에 구멍을 뚫어 손을 보호하고 작업을 수월하게 만들어줍니다.

7__ 핀 푸셔(Pin Pusher) : 핀을 꽂으면서 스티치를 할 때 튀어나온 핀을 눌러주는 역할을 합니다.

8__ 리프트(Lift) : 모든 작업을 끝내고 핀을 뽑을 때 사용하는 도구입니다.

9 **코바늘** : 마무리할 때, 스티치를 서로 연결하거나 비즈를 연결할 때 주로 쓰이는데 레이스용 14~15호를 주로 사용합니다. 실의 굵기에 따라 적당한 코바늘을 사용하는 것이 좋습니다.

10 **홀더(Holder)** : 스티치할 때 쓰지 않는 보빈을 정돈해두거나 이동 시 움직이지 않도록 고정하는 역할을 합니다.

12 **레이스 풀** : 작업을 마친 다음 핀을 뽑기 전에 풀을 뿌린 후 건조시킨 다음 핀을 뽑아주는 블로킹용으로 사용하면 편합니다.

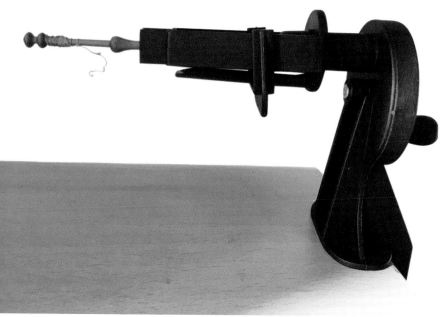

11 **와인더(Winder)** : 보빈을 감을 때 쓰는 도구로 많은 개수의 보빈을 감을 때 유용하게 쓰입니다.

도 구 구 매 시 주 의 사 항

---

1 보빈 : 기초 과정에서는 50개(25쌍), 넉넉하게 잡아 100개(50쌍) 정도면 충분합니다. 이 책은 16쌍 이내의 보빈으로 작업이 가능하도록 구성해놓았습니다.

2 실 : 이집션 24/2, 40/2 하나씩만 있으면 됩니다. 실 양이 꽤 많기 때문에 한 타래로도 오래 사용할 수 있어요. 또한 십자수실 등 다양한 실을 사용해도 되기 때문에 꼭 전용실을 사용하지 않아도 됩니다. 단, 꼬임이 너무 느슨한 실은 적당하지 않으니 그 점만 유의하면 됩니다.

3 핀 : 실 두께에 따라 핀도 다양하게 사용되고, 종류도

많지만, 국내에서 판매하는 실크핀, 진주핀 한 통씩만 있으면 됩니다. 대신 실크핀은 넉넉하게 큰 통으로 구비해두는 것이 좋습니다.

4 필로 : 해외에서 판매하는 필로는 제품의 가격과 배송비 때문에 꽤 비싼 편입니다.
필로는 아이소핑크 등으로 만들어도 사용에 아무런 문제가 없기 때문에 만들어 쓰는 것도 추천합니다.

5 많은 도구가 있지만 꼭 필요한 것은 보빈, 필로, 코바늘, 실, 실크핀, 리프트, 핀 푸셔, 프리커입니다.

도 구 의 구 매

처음 시작할 때 어디서 도구를 사야 할지 몰라 상당한 어려움이 있었습니다. 그래서 조금이라도 도움이 될까 싶어 제가 주로 사용하는 국내와 해외 사이트 몇 군데를 소개합니다.

〈 국내 사이트 〉
• 아르테레이스 http://blog.naver.com
기본 스타트 키트 구매가 가능합니다.
• 키스더레이스 http://kiss-the-lace.com
보빈, 기타 도구, 실, 책 등의 구매가 가능합니다.
• 아뜰리에 프로방스 http://www.provencehome.net
실과 책 등의 구매가 가능합니다.

〈 해외 사이트 〉
• Barbara-fay http://www.barbara-fay.de
독일 사이트로, 실로 하는 수공예 책이 많은 사이트입니다. 보빈레이스나 니들레이스 관련 책도 많고 배송비도

저렴한 편입니다.
• Kloeppelshop https://www.kloeppelshop.de/en/home
독일 사이트로 보빈레이스 도구와 실, 필로 등이 많이 구비되어 있습니다. 다양한 반제품 등도 구비되어 있고 무료 패턴 등도 제공됩니다.
• Vansciver bobbin lace http://vansciverbobbinlace.com
미국 사이트로 위의 두 곳보다는 책이나 도구가 약간 비싸기는 하지만 다양한 제품을 한 번에 편리하게 구매할 수 있습니다.
• 아마존 https://www.amazon.com/
각 나라마다 아마존에서 판매하는 보빈레이스 책이 조금씩 다릅니다. 프랑스 아마존은 클루니레이스 계열 책이 많고, 영국 아마존은 토션레이스 계열 책이 많습니다.

사이트마다 가격도 다른 경우가 많아 판매가격과 배송비 등을 잘 고려해서 구매합니다. 새 책 같은 중고 책도 많으니 저렴하게 구입할 수 있습니다.

꼭 알아두어야 할
기본 용어

시 작 하 기   전 에

1 보빈레이스는 작업할 때 보이는 면이 뒷면이기 때문에 완성 작품과 도안의 좌우가 반대로 되어야 합니다. 따라서 필로 위로 보이는 면은 뒷면입니다.

스티치를 마친 후 핀을 뽑고 뒤집어야 비로소 앞면을 볼 수 있게 됩니다. 특히 실을 묶어서 마무리하는 경우는 앞뒤 구분을 꼭 해야 합니다. 비즈가 들어가는 경우는 보이는 면을 앞면으로 쓰기도 합니다.

2 보빈레이스는 보빈 2개가 한 쌍으로 움직입니다.

이 책에서 도안에 보빈 개수가 1이라고 적힌 것은 한 쌍을 의미합니다.

3 핀을 꽂을 때 시작하는 지점에서는 핀을 뒤로 약간 비스듬히 꽂는 것이 보빈이 앞으로 빠져나오지 않아 편리합니다. 그 외에는 핀은 도안 면과 수직이 되게 꽂아줍니다.

4 가급적이면 수록된 순서대로 해보기를 추천합니다. 보빈레이스는 마치 벽돌을 쌓듯이 스티치를 쌓아가며 진행됩니다. 그렇기 때문에 한 부분에서 막히면 다른 부분으로 넘어갈 수가 없어요. 그래서 앞장을 건너뛰고 다음 장부터 시작하면 앞장과 연결된 스티치를 다시 봐가며 스티치를 해야 하는 번거로움이 생길 수 있어요. 그러므로 구성된 순서대로 차례차례 하는 것이 좋습니다.

크로스*Cross*와 트위스트*Twist*

보빈레이스는 Cross와 Twist의 조합으로 만들어지는 레이스입니다.
두 기법을 응용해서 다양한 무늬를 만들게 내게 됩니다.

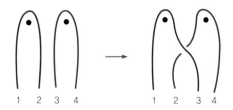

Tip

보빈레이스에서 왼쪽부터 1, 2, 3, 4의
순으로 순서가 정해집니다.
즉 스티치를 해서 보빈의 위치가
바뀌어도 왼쪽부터 다시 1, 2, 3, 4가
됩니다.

1) Cross(C) : 2번 보빈이 3번 보빈 위로 가게 됩니다(왼쪽 보빈이 오른쪽 보빈 위로 올라가 있는 모양).
• Cross는 두 쌍의 보빈이 필요합니다.

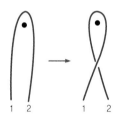

2) Twist(T) : 2번 보빈이 1번 보빈 위로 가게 됩니다(오른쪽 보빈이 왼쪽 보빈 위로 올라가 있는 모양).
• Twist는 한 쌍의 보빈으로도 스티치가 가능합니다.

홀 스티치
Whole Stitch(CTC)

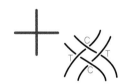

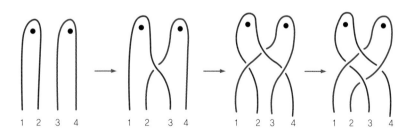

1) cross-twist-cross(CTC)를 스티치해주는 기법으로 린넨 스티치(Linnen stitch) 혹은 클로스
스티치(Cloth Stitch)라고도 합니다. 국제보빈협회의 색상 코드로 보라색으로 표시합니다.

2) 두 쌍의 보빈으로 2번 보빈을 3번 보빈 위로 cross해준 후에 2번 보빈을 1번 보빈 위로,
4번 보빈을 3번 보빈 위로 twist(T)해줍니다. 다시 2번 보빈을 3번 보빈 위로 cross(C)해
줍니다.

3) 홀 스티치를 반복했을 때 패시브는 그대로 자기 자리를 유지하고 있고, 워커만 좌우로 움직이며 스티치를 진행하게 됩니다.

하프 스티치
Half Stitch(CT)

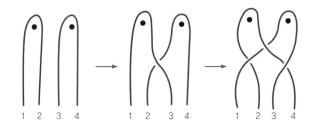

1) cross-twist(CT)를 반복하며 스티치해주는 기법으로 국제보빈협회의 색상 코드로 초록색으로 표시됩니다.

2) 두 쌍의 보빈 중에서 2번 보빈을 3번 보빈 위로 cross(C), 2번 보빈을 1번 보빈 위로, 4번 보빈을 3번 보빈 위로 twist(T)해줍니다.

3) 하프 스티치를 반복했을 때 홀 스티치와는 다르게 워커와 패시브가 바뀌면서 스티치가 진행됩니다.

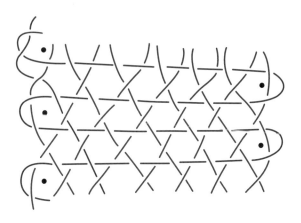

더블 스티치
Double Stitch(CTCT)

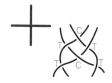

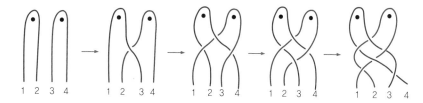

1) cross-twist-cross-twist(CTCT)를 반복하며 스티치해주는 기법으로 '홀 스티치+트위스트' 혹은 홀 스티치 트위스트라고도 합니다. 색상 코드로는 빨간색으로 표시됩니다.

2) 두 쌍의 보빈으로 2번 보빈을 3번 보빈 위로 cross(C)해준 후에 2번 보빈을 1번 보빈 위로, 4번 보빈을 3번 보빈 위로 twist(T)해줍니다. 다시 2번 보빈을 3번 보빈 위로 cross(C)해주고 2번 보빈을 1번 보빈 위로, 4번 보빈을 3번 보빈 위로 twist(T)해줍니다. 홀 스티치에 트위스트가 한 번 더 들어간 형태입니다.

3) 더블 스티치를 반복했을 때 홀 스티치처럼 패시브는 그대로 내려오고 워커만 좌우로 이동하게 됩니다. 하지만 워커와 패시브에 각각 트위스트가 들어가 있는 형태가 됩니다.

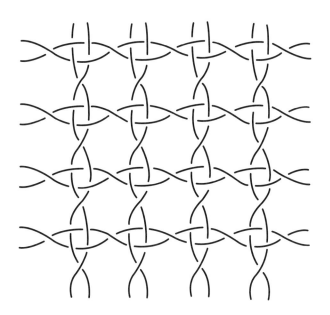

워커 보빈*Worker Bobbin*과
패시브 보빈*Passive Bobbin*

보빈레이스는 세로로 고정되어 있는 보빈이 있고, 가로로 움직이는 보빈이 있습니다.
아래 그림에서 A 보빈처럼 좌우로 움직여 가로선이 되는 보빈을 워커 보빈(Worker
Bobbin : 이하 워커)이라 하고, 세로로 고정되어 있는 1번에서 6번까지의 보빈을 패시브
보빈(Passive Bobbin : 이하 패시브)이라고 합니다.
홀 스티치와 더블 스티치는 워커와 패시브가 그대로 유지되지만, 하프 스티치는 워커
와 패시브가 서로 바뀌면서 스티치가 진행된다는 차이가 있습니다.

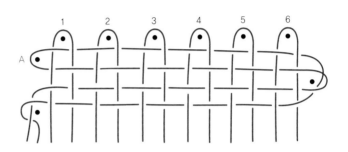

엣지*EDGE*와 엣지 바*EDGE BAR*,
핀 홀*PIN HALL*

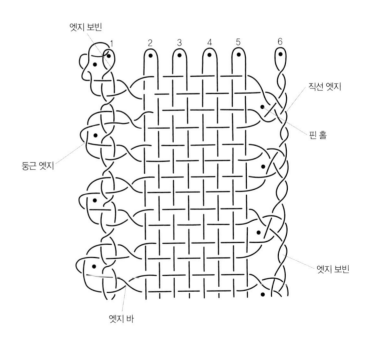

1) 엣지 : 위 그림에서 1번과 6번 보빈이 워커와 스티치를 한 후 핀을 꽂고 다시 스티치를 진행하
게 되는데, 이때 핀이 꽂히게 되는 부분이 엣지가 됩니다.
핀이 꽂히는 위치와 워커의 이동에 따라 두 가지 종류의 엣지가 주로 사용됩니다.

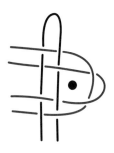

○ 둥근 엣지(Winkie Twisted Footside) : 위 그림의 왼편이 둥근 엣지를 표시한 것으로 핀이 엣지 보빈의 바깥쪽에 꽂히게 됩니다. 엣지 보빈과 스티치를 한 후에 핀을 엣지 보빈의 바깥쪽에 꽂고, 워커에 트위스트를 1회나 2회 한 후에 다시 엣지 보빈과 스티치를 해줍니다.

○ 직선 엣지(Twisted Footside) : 위 그림의 오른편이 엣지로서 엣지 보빈과 스티치를 한 후에 엣지의 안쪽에 핀을 꽂아주는 형태입니다. 이때 워커가 엣지 보빈이 되고, 처음의 엣지 보빈이 워커가 되어 다음 스티치를 진행하게 됩니다. 직선 엣지의 경우 매 단마다 워커와 엣지 보빈이 바뀌게 됩니다. 도안에 따라 엣지 보빈과 엣지 바에 트위스트를 1~3회 정도 다양하게 넣어줍니다.

2) 엣지 보빈 : 처음과 마지막에 있는 패시브 보빈으로 워커와 스티치해서 엣지를 만들어주는 보빈입니다. 즉 가장자리의 세로선이 엣지 보빈이 됩니다.

3) 엣지 바 : 엣지 보빈과 워커가 스티치를 하기 전에 워커에 트위스트를 넣어준 가로선에 해당하는 부분으로 도안에 따라 1회나 2회 넣어서 엣지와 엣지가 아닌 부분을 구분 지어줍니다.

4) 핀 홀(Pin Hall) : 핀이 꽂히는 자리로서 보통 도안에서 검은 점으로 표시됩니다.

스티치와 스티치를 연결하는 기법

1) 코바늘 소잉 : 코바늘을 이용해서 다른 스티치와 연결하는 방법

2) 핀 소잉 : 두 쌍의 보빈을 스티치한 후 핀을 꽂아 다시 스티치해서 연결하는 방법

실의 연결

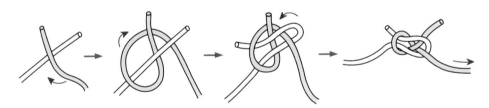

1) 실과 실을 묶어서 연결하는 방법입니다.

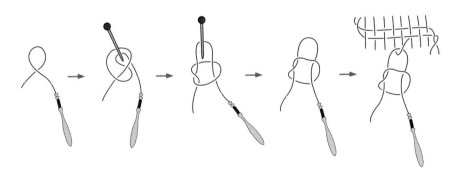

2) 실 고리를 이용한 방법 1 : 새 실을 감은 보빈으로 둥근 고리를 만든 다음 짧아진 실을 고리 사이에 넣어 잡아당겨 주고 새 실이 감긴 보빈으로 스티치를 진행합니다.

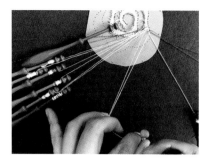

3) 실 고리를 이용한 방법 2 : 새 실을 감은 보빈을 3cm 정도 위에 실 고리를 만들어 핀으로 고정합니다. 그리고 짧아진 실을 새 보빈에 함께 감아서 몇 단을 스티치한 후에 짧아진 실을 빼고 새 보빈만으로 스티치를 하는 방법입니다.

스티치의 정리

매 단이 끝나고 핀을 꽂기 전에 각각의 보빈을 당겨서 스티치가 매끈하게 되도록 정리해주어야 합니다. 특히 더블 스티치의 경우는 스티치 정리를 제때 잘 해주지 않으면 스티치 선들이 울퉁불퉁해지니 꼭 매 단마다 해주세요. 이때 가로로 있는 워커를 잡은 상태에서 세로의 패시브 보빈을 하나씩 아래로 당겨주어야 합니다. 가급적 실에는 손이 닿지 않도록 보빈을 잡고 당겨주는 것이 좋습니다.

마무리

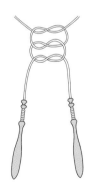

1) 두 번 묶음 : 마무리 방법은 스티치의 종류에 따라 다양한 방법을 사용하는데, 이 책에서는 가장 기본적인 방법인 두 번 묶음으로 마무리를 하였습니다. 한 쌍의 보빈을 양손에 잡고 위 그림처럼 한 번 교차해서 한 번의 묶음을 만들어주고 다시 한번 더 묶어서 두 번 묶음으로 마무리를 해줍니다. 순서대로 옆의 보빈들과 같은 방법으로 두 번 묶음해주고, 매듭이 풀리지 않을 만큼 바짝 잘라줍니다. 실이 미끄러운 경우에는 자른 후 올풀림 방지용 풀을 발라주어도 좋습니다.

2) 작품을 끝낸 후 1~2일 정도 그대로 두었다가 핀을 뽑아서 도안과 작품을 분리합니다. 이때 풀을 먹여 건조시킨 후 떼어내면 형태를 고정하기 좋습니다.

도구의 준비

보빈, 필로, 프리커, 리프트, 가위, 핀, 실, 코바늘, 작업할 도안을 준비해둡니다.

보 빈 에 실 감 기

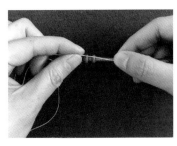 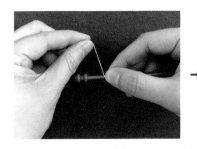 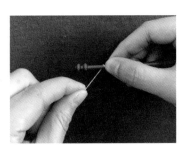

1 2개의 보빈을 준비하고 그 중 하나의
보빈에 사진처럼 실을 수평으로 올려주고
오른손으로 실 끝을 눌러 고정합니다

2 왼손으로 실을 바깥에서 안으로 감아줍니다.

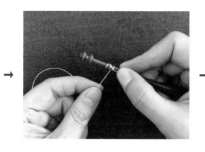 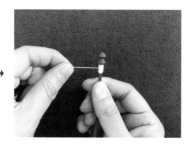 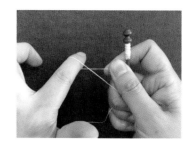

→

3-1 원하는 길이만큼 감고 나면 왼쪽 손 가락으로 실을 밖에서 안으로 꼬아서 두 번의 꼬임을 만들어줍니다.

3-2 매끄러운 실일 경우 3번 정도 꼬임 을 줘도 괜찮습니다.

4 고리의 안쪽에 보빈을 넣어주고 보빈 을 당겨줍니다.

5 필요한 만큼 실을 자르고 다른 보빈도 같은 방법으로 감아줍니다.

 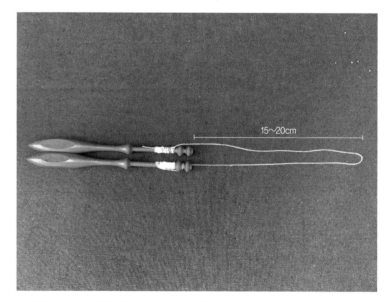

15~20cm

6 완성 : 반으로 접었을 때 실의 중심과 보빈과의 거리는 15~20cm 정도가 적당합니다.

필 로 만 들 기

가장 기본적으로 쓰는 사각 필로입니다.

준비물 | 아이소핑크 30t 50×50cm, 퀼팅솜 50×50, 원단 80×80cm, 딱풀 혹은 스테이플러

_1_　필로 위의 퀼팅 솜은 가장자리만 딱풀
로 칠해서 필로에 고정시킵니다. 전체 면
에 딱풀을 바르면 필로가 단단해져서 핀
을 꽂을 때 힘들어집니다.

_2_　위에 원단을 덮고 뒷면에 딱풀이나 스테이플러로 고정해줍니다.

Tip. 무늬가 복잡하거나 현란한 색상의
원단보다 무늬가 없고 눈의 피로가 덜
한 어두운 톤의 원단이 좋습니다.

_3_　뒷면을 코르크판이나 두꺼운 종이, 원단 등으로 마무리해줍니다.

도 안 준 비 하 기

사용할 실이 흰색이면 어두운 색 종이로 도안을 준비하는 것이 작업하기 편합니다.

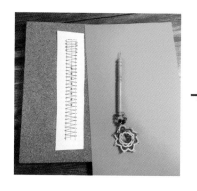

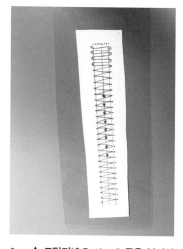

1 **크라프트 보드지에 프리킹해서 준비하기** : 200g 이상의 크라프트 보드지 위에 프린트한 도안지를 놓고 프리커로 구멍을 뚫어 도안을 준비합니다. 프릭킹한 다음에 기본적인 도안선을 그려두고 시작하는 것이 편합니다.

2 **손 코팅지(혹은 시트지) 등을 붙여서 도안 준비** : 일반 복사지를 사용할 경우는 도안의 손상을 방지하기 위해 손 코팅지나 투명 시트지를 붙이고 프리커로 구멍을 뚫어 도안을 준비합니다.

시 작

엣징 같은 긴 도안일 경우는 필로의 위쪽에, 원이나 사각같이 회전하며 작업해야 하는 도안은 필로의 정가운데 도안을 두고 핀으로 고정합니다.

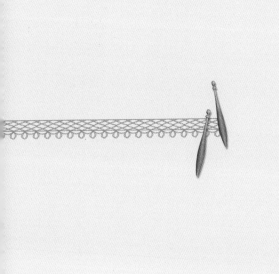

Part 1

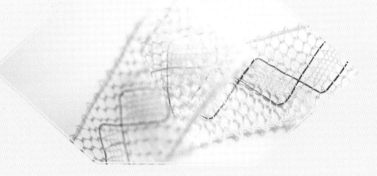

기본 스티치 연습을 위한
샘플러

기본 스티치 연습을 위한 샘플러

◇◇◇◇◇◇◇◇

세 종류의 기본 스티치를 연습해보겠습니다.
스티치에 따라 실이 어떻게 바뀌는지를 쉽게 알아보기 위해
각각 다른 색실을 사용하였습니다.

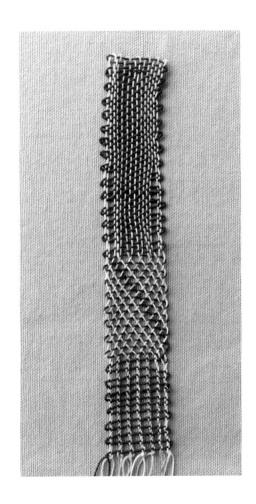

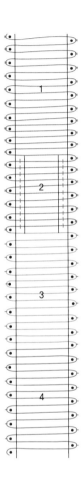

준 비 물

보빈 8쌍

사용 실 : 펄코트 12번사

완성 사이즈 : 2×14cm

사용 기법 : 홀 스티치, 하프 스티치, 더블 스티치, 둥근 엣지

홀 스티치

홀 스티치는 cross-twist-cross(CTC)를 반복해주는 스티치로 린넨 스티치(Linnen Stitch), 클로스 스티치(Cloth Stitch)라고도 하는데 마치 천을 짠 듯한 스티치가 나오는 것이 특징입니다.

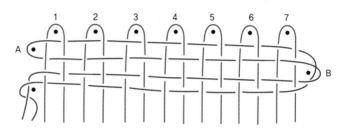

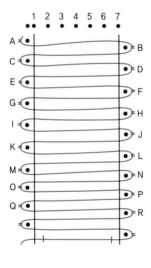

둥근 엣지와 트위스트 2번

그림에 보면 1번 보빈과 7번 보빈의 바깥에 핀 홀이 표시되어 있고 그 주위를 A 보빈의 선이 감싸고 있어요.

이 경우 1번 보빈과 7번 보빈이 엣지 보빈이 됩니다. 워커와 엣지 보빈을 홀 스티치한 후에 워커에 트위스트를 2회 하고, 핀을 꽂고 다시 홀 스티치하면서 둥근 엣지를 만들어줍니다.

※그림에서 검정 숫자는 보빈의 번호이며, 알파벳은 핀 홀에 핀이 꽂히게 되는 순서입니다.

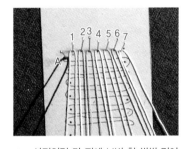

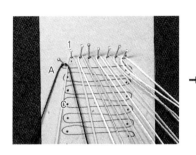

1 사진처럼 각 핀에 보빈 한 쌍씩 걸어 줍니다.

2 워커인 A 보빈과 1번 보빈을 홀 스티치(CTC)해줍니다.

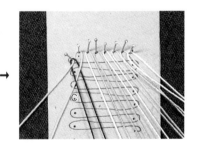

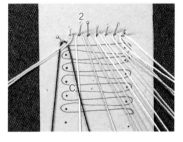

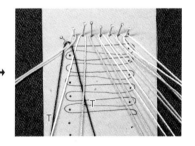

3 홀 스티치(CTC)한 뒤 1번 보빈은 왼쪽으로 밀어두고, 2번 보빈과 워커(A 보빈)를 동일한 방법으로 홀 스티치(CTC)를 반복하면서 오른쪽으로 이동합니다.

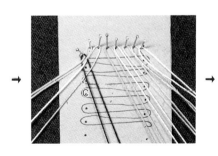

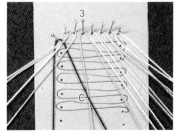

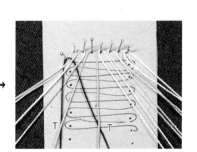

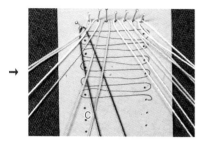
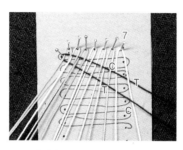
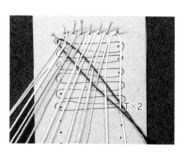

*4*__ 워커와 7번 보빈을 홀 스티치(CTC)
한 후에

*5*__ 워커에 트위스트 2회를 해줍니다.

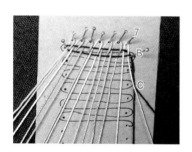
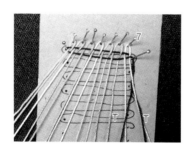
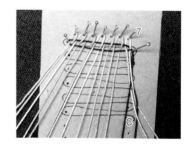

*6*__ B핀 홀에 핀을 꽂아주고 워커와 7번 보빈을 다시 홀 스티치(CTC)해서 둥근 엣지를 만들어줍니다.
이때 스티치의 가운데에 핀이 감싸지듯이 있어야 합니다.

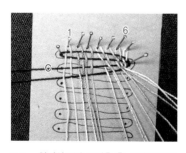
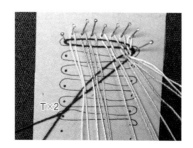
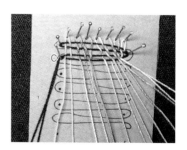

*7-1*__ 워커와 6번 보빈을 홀 스티치(CTC)
한 뒤, 왼쪽 방향으로 순서대로 홀 스티치
(CTC)하면서 이동하고 1번 보빈과도 홀
스티치(CTC)해준 후에

*7-2*__ 워커에 트위스트 2회 해줍니다.

*8-1*__ C핀 홀에 핀을 꽂고

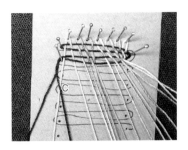 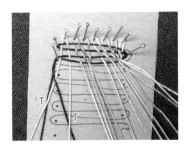 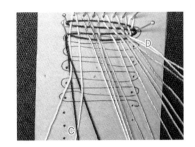

<u>*8-2~4*</u> 워커와 1번 보빈을 홀 스티치(CTC)해서 둥근 엣지를 만들어줍니다.

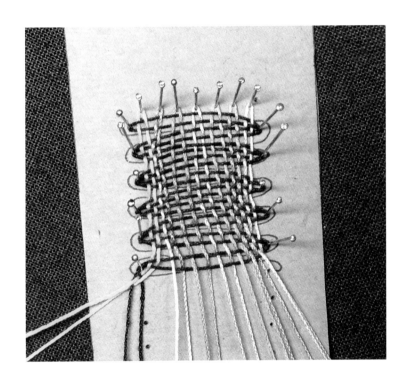

9 같은 방법으로 각 보빈과 홀 스티치 (CTC)하면서 순서대로 이동하고 마지막 에 있는 엣지 보빈과 홀 스티치(CTC)하 고 워커에 트위스트를 2회 한 후, 핀 홀에 핀을 꽂고 다시 홀 스티치(CTC)를 반복 해줍니다.

홀 스티치와 트위스트가
들어간 둥근 엣지

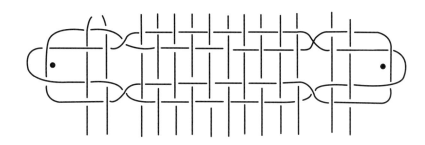

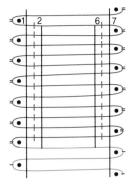

그림에 보면 1번 보빈과 2번 보빈 사이, 6번 보빈과 7번 보빈 사이에
빨간 트위스트 선이 하나 그어져 있습니다.
워커가 1번 보빈과 홀 스티치(CTC)한 다음 워커에 트위스트를 1회 한
후, 2번 보빈과 홀 스티치를 합니다. 그리고 다른 보빈과도 홀 스티
치를 진행하면서 6번 보빈과 홀 스티치한 다음 워커에 트위스트 1회
를 해준 후에 7번 보빈과 홀 스티치(CTC)를 해줍니다.

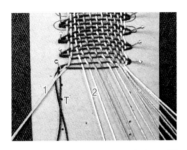

_1__ 1번 보빈과 워커를 홀 스티치(CTC)한 후 워커에 트위스트를 1회 해줍니다.

_2__ 워커와 2번 보빈을 홀 스티치(CTC) 해줍니다.

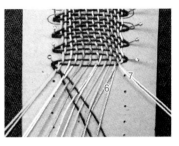

_3__ 오른쪽 방향으로 6번 보빈까지 홀 스티치(CTC)하며 스티치를 진행합니다.

_4__ 워커에 트위스트 1회 해줍니다.

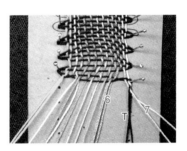

_5__ 워커와 7번 보빈을 홀 스티치(CTC) 한 후에 워커에 트위스트를 2회 한 다음 핀을 꽂고 다시 홀 스티치(CTC)해서 둥근 엣지를 만들어줍니다.

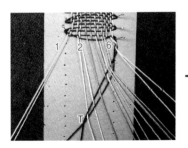

→

_6__ 워커에 트위스트를 1회 해준 뒤에 6번 보빈과 홀 스티치(CTC) 후 2번 보빈까지 홀 스티치(CTC)로 진행합니다. 워커에 트위스트 1회 해준 후에 1번 보빈과 홀 스티치(CTC)를 해주고 워커에 트위스트 2회 합니다. 그런 뒤 핀을 꽂고 다시 홀 스티치(CTC)하면서 같은 방법으로 스티치를 반복해줍니다.

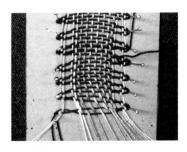

_7__ 완성 모습

하프 스티치

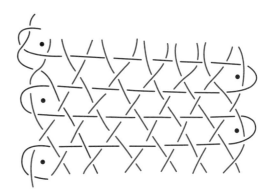

하프 스티치는 초록색으로 표시하고 Cross와 Twist(CT)로 스티치를 진행합니다.

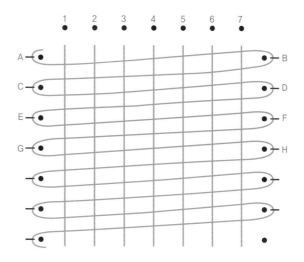

그림에서 A, B, C, D에 빨간색으로 그어진 가로선은 워커에 트위스트를 한 번 더 해주라는
의미입니다.
워커와 1번 보빈, 또 워커와 7번 보빈을 하프 스티치(CT)해준 후에 워커에 트위스트를 1회
더한 다음에 핀을 꽂고 다시 하프 스티치(CT)를 해줍니다.

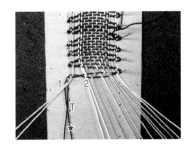

1 1번 보빈과 스티치를 마친 후 워커에 트위스트를 1회 넣어줍니다. 하프 스티치는 워커 한 쌍 중 앞에 있는 보빈은 바뀌지 않고 뒤에 있는 보빈만 바뀌게 됩니다. 자주색 별로 표시된 보빈이 워커 중에서 바뀌지 않는 보빈입니다.

2 2번 보빈과 하프 스티치(CT)한 뒤에 3번 보빈으로 넘어갑니다.

 → 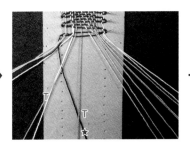 →

3 3번 보빈과도 하프 스티치(CT)해준 후, 7번 보빈까지 계속 하프 스티치(CT)로 스티치를 진행합니다.

→  → 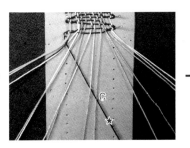 →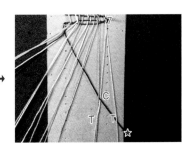

4__ 7번 보빈과 하프 스티치(CT)한 후 워커에 트위스트 1회를 더해서 워커에 트위스트가 2번 되어 있어야 합니다. 핀을 꽂고 다시 워커와 7번 보빈을 하프 스티치(CT)해줍니다.

5__ 6번 보빈과 하프 스티치(CT)하면서 왼쪽 방향으로 진행하며 반복해줍니다.

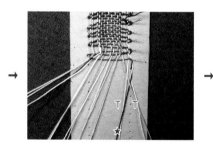

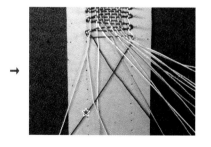

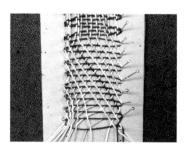

7__ 완성 모습

더블 스티치와 둥근 엣지

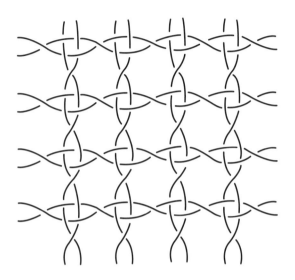

더블 스티치는 홀 스티치에 트위스트가 1회 들어가 있는 스티치입니다. 홀 스티치 트위스트
라고 하기도 합니다. Cross-Twist-Cross-Twist(CTCT)로 진행됩니다.

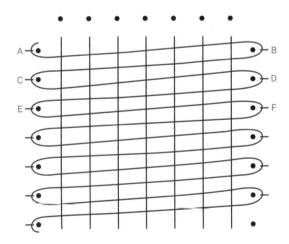

빨간색 선으로 표시되며 홀 스티치처럼 패시브 보빈이 위치 이동 없이 그대로 내려옵니다.
하지만 패시브와 워커에 트위스트가 각각 들어가서 스티치 사이사이에 빈 공간이 생기게
됩니다.

1 워커와 7번 보빈이 스티치되어 있는 상태에서 6번 보빈과 더블 스티치(CTCT)를 해줍니다.

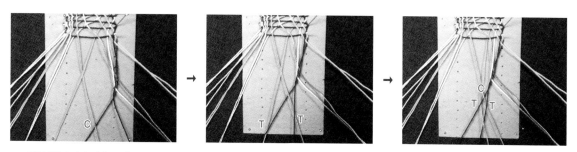

2 1번 보빈까지 순서대로 더블 스티치(CTCT)를 반복하면서 스티치를 진행해줍니다. 이때 가로와 세로선에 트위스트가 모두 1회씩 들어가 있어야 합니다.

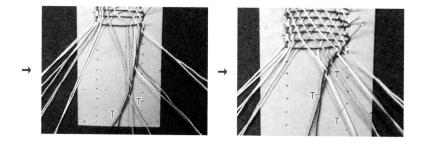

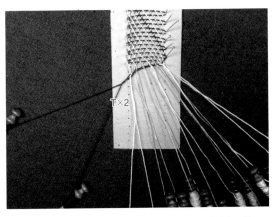

3 1번 보빈과 워커를 더블 스티치(CTCT)한 후에 워커에 트위스트 1회 더 해주고 핀을 꽂고 엣지와 더블 스티치(CTCT)해줍니다. 그런 뒤 다음 보빈과 계속 더블 스티치(CTCT)로 스티치를 진행합니다.

4 완성 모습

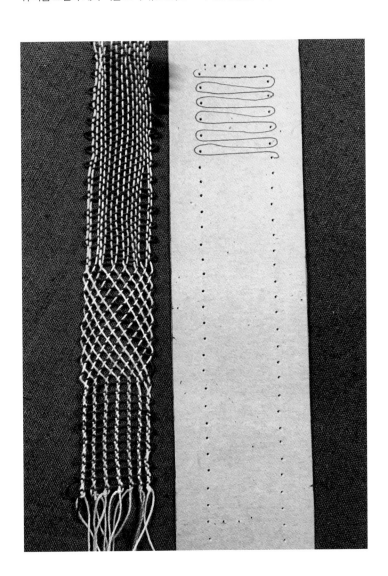

마 무 리

두 번 묶음

도안의 형태에 따라 여러 가지 마무리 방법이 있지만 여기서는 가장 간단하게 묶어서 자르는 방법을 사용할 것입니다.

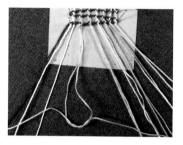

1 각 보빈 한 쌍의 사이에 핀을 꽂고 보빈을 하나씩 손에 잡고 1회 묶어줍니다.

2 다시 한번 더 2회 감아서 묶어줍니다. 모든 보빈을 감아서 묶어주고 적당한 길이로 자르면 됩니다.

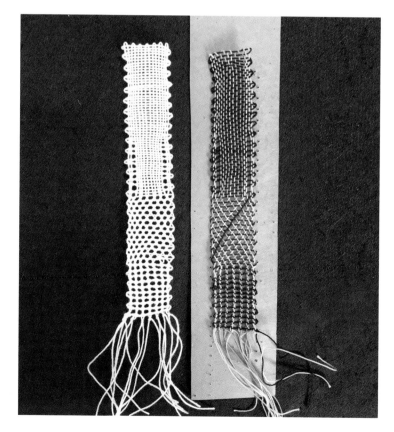

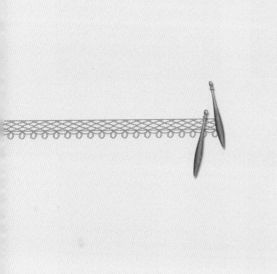

Part 2

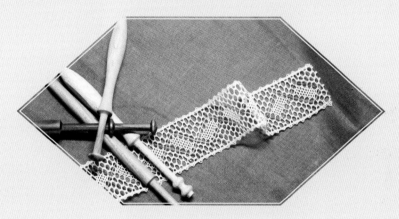

작품편

선물하기 좋은 날 1

홀 스티치와 비즈를 이용한 팔찌

◇◇◇◇◇◇◇◇

앞장에서 익힌 홀 스티치와 둥근 엣지로
간단하면서도 활용도 높은 팔찌를 만들어볼 거예요.
선물하기도 좋고 받기도 부담스럽지 않은,
하지만 특별한 마음이 가득 담긴 선물입니다.

 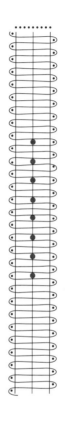

준 비 물

보빈 10쌍(150cm 9쌍, 300cm 한 쌍(워커 보빈))

사용 실 : Diamant methalic(디아망 메탈릭)

기타 준비물 : 장식용 비즈 8개, 비즈캡 13mm 한 쌍, 기타 팔찌 연결 링

완성 사이즈 : 1.3×14 cm

사용 기법 : 홀 스티치, 둥근 엣지, 비즈 연결, 두 번 묶음

그림에서 검은색 숫자는 보빈의 번호이고, 파란색 숫자는 보빈의 갯수로서 한 쌍을 의미합니다.

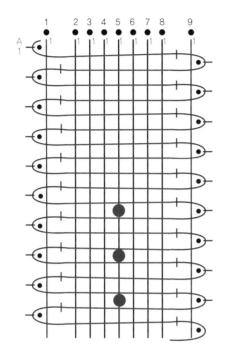

1__ 1번과 9번 보빈은 워커와 더블 스티치를 하고, 워커에 트위스트를 1번 더 해줍니다. 핀을 꽂고 더블 스티치해서 둥근 엣지를 만들어줍니다. 2~8번 보빈은 홀 스티치로 진행합니다. 그리고 1번 보빈과 2번 보빈 사이, 8번과 9번 보빈 사이의 빨간 가로선 한 줄은 트위스트 1번을 의미하며 빨간선이 표시된 위치에서만 트위스트를 1번씩 해줍니다. 오고 가는 위치에 따라 트위스트를 하고 하지 않고의 차이가 있으니 유의해주세요. 즉 홀 스티치를 한 후 더블 스티치를 할 때는 워커에 트위스트를 1회 더 해주고, 더블 스티치를 한 후 홀 스티치를 할 경우에는 트위스트를 더 해주지 않습니다.

2__ 한 쌍의 보빈은 그림처럼 미리 비즈를 넣어서 감아줍니다. 5번 핀 자리에 걸어주세요.

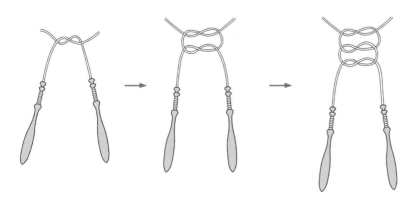

3__ 마무리 : 두 번 묶음으로 마무리를 해줍니다.

만 드 는 법

<u>*1*</u>　각 핀에 보빈을 한 쌍씩 걸어주는데 비즈가 들어가 있는 보빈은 5번 핀 홀에 걸어줍니다.

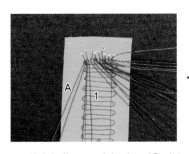

<u>*2*</u>　워커가 되는 A 보빈과 1번 보빈을 더블스티치(CTCT)를 해줍니다.

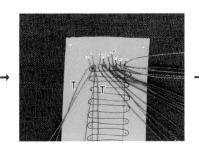

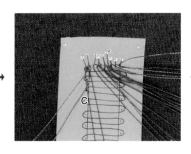

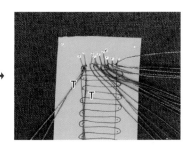

<u>*3-1*</u>　워커와 2번 보빈은 홀 스티치(CTC) 해주고

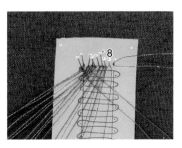

<u>*3-2*</u>　오른쪽으로 8번 보빈까지 홀 스티치(CTC)하며 이동합니다.

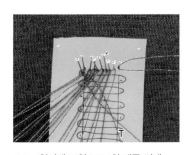

<u>*4-1*</u>　워커에 트위스트 1회 해준 뒤에

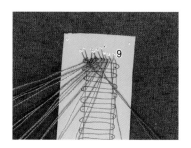

4-2 9번 보빈과 더블 스티치(CTCT)하고

4-3 워커에 트위스트를 1번 한 후에 핀을 꽂고

4-4 다시 더블 스티치(CTCT)해서 둥근 엣지를 만들어줍니다.

5-1 워커와 8번 보빈을 홀 스티치(CTC)한 다음

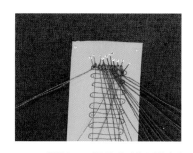

5-2 왼쪽으로 이동하며 2번 보빈까지 홀 스티치를 해줍니다.

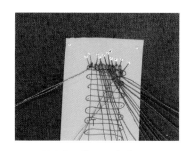

6-1 워커에 트위스트 1회 해주고

6-2 1번 보빈과 더블 스티치(CTCT)합니다.

6-3 워커에 트위스트를 1회 더 해주고 핀을 꽂고

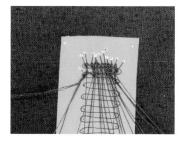

6-4 다시 더블 스티치(CTCT)해서 둥근 엣지를 만들어줍니다.

 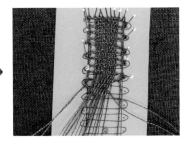

_7_ 2~6번 과정을 반복하면서 비즈가 들어갈 부분까지 스티치를 진행해줍니다.

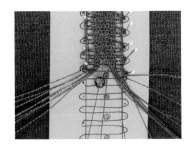

_8-1_ 비즈가 들어갈 위치가 되면 5번 핀에 걸린 보빈에 감겨 있는 비즈 하나를 위로 올려서

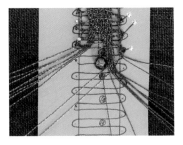 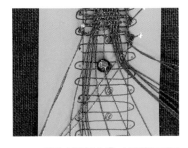 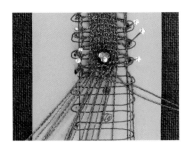

_8-2_ 워커와 홀 스티치(CTC)를 해줍니다. 이때 비즈는 최대한 위로 당겨서 스티치해주세요.

_8-3_ 다른 보빈들과 홀 스티치(CTC)를 하며 스티치를 진행합니다.

_9_ 2~8번의 과정을 반복합니다.

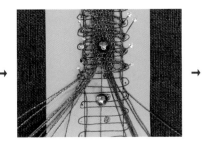 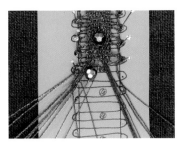

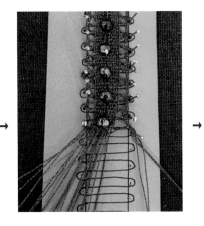 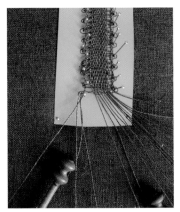

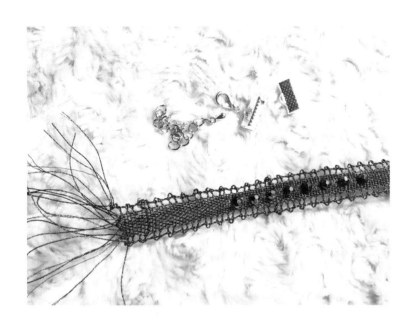

10 　마지막 단까지 스티치합니다. 그런 후 한 쌍씩 두 번 묶음으로 마무리한 다음 5~7cm 정도의 여유를 남기고 잘라줍니다. 핀을 모두 뽑고 스티치한 작품을 도안에서 떼어냅니다.

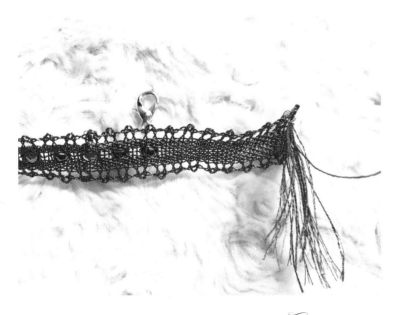

11 　완성된 작품의 끝부분은 잘라낸 실을 접어서 스티치와 실을 같이 감싼 후 비즈캡을 씌워서 눌러줍니다.
보통의 경우 보빈레이스는 보이는 면이 뒷면이고, 도안과 맞닿은 쪽이 앞면이 됩니다. 하지만 이렇게 비즈가 들어간 경우에는 보이는 면을 앞면으로 쓸 수 있도록 실 마무리를 뒷면으로 보낸 상태에서 비즈캡을 씌워야 앞면이 깔끔합니다. 비즈캡 바깥으로 나와 있는 실은 잘라주고 반대편도 비즈캡을 씌워 마무리합니다.

꽃이 되는 드림캐처

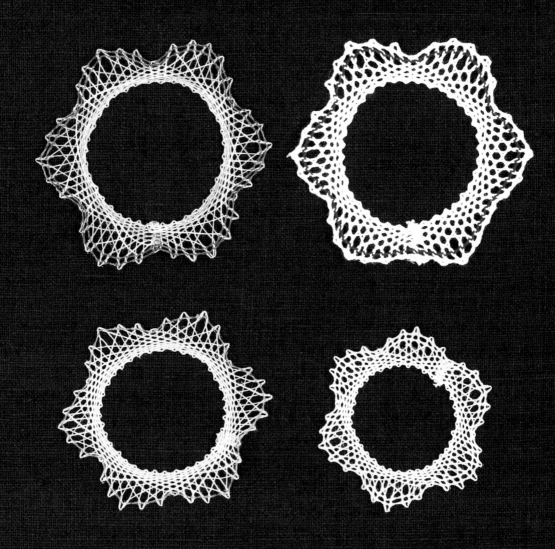

하프 스티치로 만드는 꽃 모티브

◇◇◇◇◇◇◇◇

하프 스티치로 꽃 모티브를 만들어보겠습니다.
하프 스티치의 특성에 맞게 각각 다른 색의 실로 해도 매력적인 꽃으로 탄생하므로,
다양한 색과 다양한 크기로 만들어서 모빌이나 드림캐처로 사용해보세요.

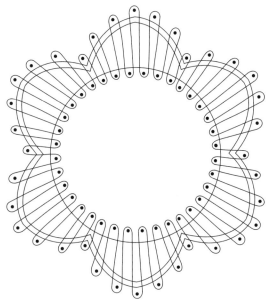

※본 도안의 75% 정도로 사이즈를 줄여서 리즈베스 80수 등으로
작업해도 좋습니다.

준 비 물

보빈 7쌍
사용 실 : 펄 코튼 12번
완성 사이즈 : 7×7cm
사용 기법 : 하프 스티치, 더블 스티치, 둥근 엣지, 코바늘 소잉, 두 번 묶음

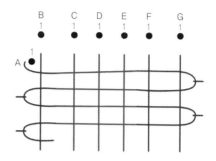

1 그림에서 B, F, G 보빈은 더블 스티치, C, D, E 보빈은 하프 스티치로 스티치를 해줍니다.
둥근 엣지로 마무리하며, 더블 스티치한 후 워커에 트위스트 1번 더 해주고 다시 더블 스티치
를 해줍니다.

2 마무리 : 코바늘을 이용한 소잉

3 코바늘로 소잉한 보빈들을 두 번 묶음으로 묶어준 뒤 잘라줍니다.

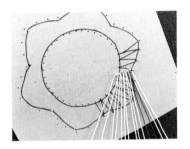

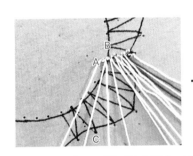

1-1　스티치 기법 1과 같이 각 핀마다 보빈 한 쌍씩 걸어줍니다.

1-2　A 보빈과 B 보빈을 더블 스티치(CTCT)를 해줍니다.

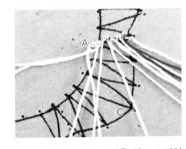

2-1　A 보빈과 C 보빈을 하프 스티치(CT)를 해줍니다.

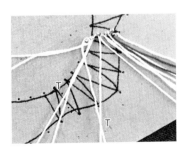

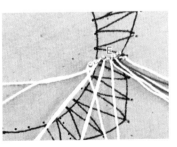

2-2　같은 방법으로 E 보빈까지 하프 스티치로 진행합니다.

3　워커와 F 보빈(빨간색 실이 걸린 보빈)을 더블 스티치해줍니다.

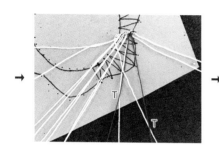 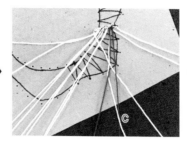 

4-1 마지막 엣지도 역시 더블 스티치를 해줍니다.

4-2 워커에 트위스트를 1번 더 해준 다음 핀을 꽂고 다시 더블 스티치를 해줍니다.

5 더블 스티치를 마친 워커와 F 보빈을 더블 스티치하고 다른 보빈과는 하프 스티치하며 왼쪽으로 이동합니다.

6-1 왼쪽의 엣지와 더블 스티치한 다음

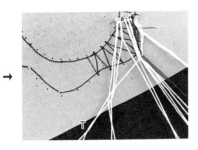

6-2 워커에 트위스트를 1번 더한 후 핀을 꽂고

6-3 다시 더블 스티치를 해줍니다.

7 동일한 방법으로 순서대로 스티치를 진행합니다.

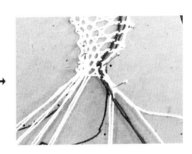

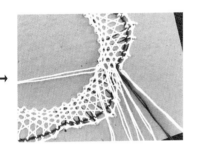

8 시작 부분에 닿으면 코바늘 소잉으로 마무리하게 됩니다.
8-1 워커가 있는 안쪽부터 시작합니다. 시작 지점의 가장 안쪽에 있는 핀을 뽑고 코바늘을 핀 홀에 넣어줍니다.

8-2 왼쪽에 있는 4개의 보빈 중에서 3번째 보빈을 코바늘에 걸어서

8-3 핀 홀을 통과시켜 실 고리를 만들어 줍니다.

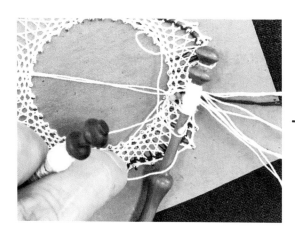 →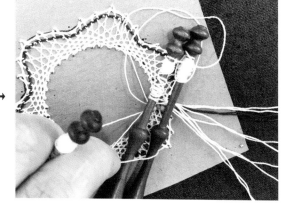

8-4-1 실 고리 안으로 왼쪽에 남겨두었던 보빈 3개를 순서대로 통과시켜 줍니다.

8-5 실 고리를 통과한 3개의 보빈과 위쪽에 있는 실 고리를 만들었던 보빈을 서로 잡아당겨서 실 고리를 없애주고 핀 홀에 다시 핀을 꽂아줍니다.

8-6-1 순서대로 같은 방법으로 핀을 뽑은 후

8-6-2 핀 홀에 코바늘을 넣어주고

8-6-3 두 개의 보빈 중에서 왼쪽에 있는 보빈을 코바늘로 잡아당겨서 핀 홀을 통과해서 실 고리를 만들어줍니다.

8-6-4 다른 보빈을 실 고리를 통과시킨 후

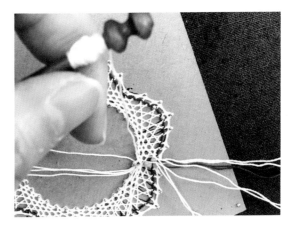

8-6-5 두 보빈을 잡아당겨서 실고리를 없애주고

8-6-6 원래 핀 홀에 다시 핀을 꽂아줍니다.

9-1 오른쪽 마지막 보빈까지 소잉을 마친 후 소잉한 보빈들을 2개씩 손으로 잡고 두 번 묶음으로 마무리한 다음 잘라줍니다.

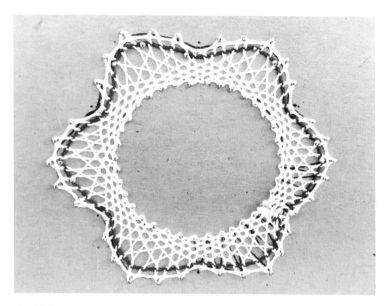

<u>10</u> 완성

선물하기 좋은 날 2

더블 스티치와 비즈를 이용한 팔찌

⬦⬦⬦⬦⬦⬦⬦

더블 스티치와 비즈를 넣어 팔찌를 만들어보려고 합니다.
더블 스티치는 꼬임이 많기 때문에 매 단마다 보빈을 잡아당기면서 스티치를 정리해주지 않으면
스티치 모양이 울퉁불퉁해질 수 있어요(p.31 〈스티치의 정리〉를 참고해주세요).
조직이 단단하게 나오기 때문에 뒤에서 익히게 될 스패니시 팬이나
둥근 형태의 가장자리를 작업할 때나 액세서리에도 자주 쓰이는 스티치예요.

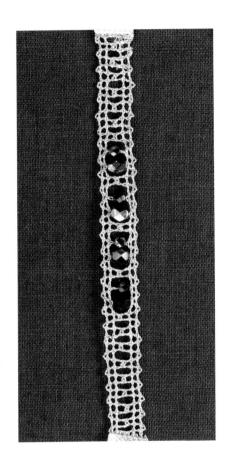

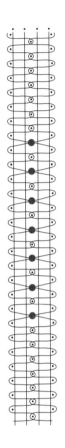

준 비 물

보빈 6쌍

비즈 6개, 13mm 비즈캡 2개, 기타 팔찌 연결 링

완성 사이즈 : 1.3×14cm

사용 기법 : 더블 스티치, 둥근 엣지, 핀 소잉, 비즈 연결

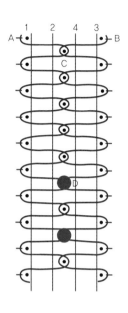

1 전체 더블 스티치와 둥근 엣지로 워커에 트위스트 1회를 더 넣어줍니다. 하지만 워커가 좌우 각각 한 쌍씩 존재해서 A 보빈으로 1번과 2번 보빈을 더블 스티치하고, B 보빈으로 3번과 4번 보빈을 더블 스티치합니다.

2 **핀 소잉(Pin Sewing)** : 좌우에서 온 워커 A, B를 더블 스티치한 뒤에 C핀 홀에 핀을 꽂고 다시 더블 스티치하면서 연결해주는 방법입니다.

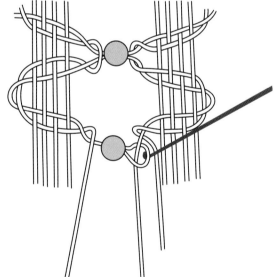

3 **비즈 연결** : 코바늘로 비즈를 연결하는 방법입니다. 1 도안의 D 위치에 비즈를 연결합니다. 비즈 홀에 코바늘을 넣어 보빈의 실을 통과하여 실 고리를 만들고, 실 고리 안에 다른 보빈을 넣어서 좌우로 당겨서 가운데에 비즈가 들어가게 해줍니다.

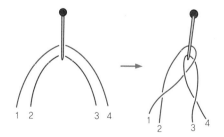

4 **하나의 핀에 두 쌍의 보빈을 걸 때** : 4번 보빈을 3번 보빈의 위로, 2번 보빈 아래로 자리 이동합니다. 그 다음에 1번과 2번 보빈, 3번과 4번 보빈을 각각 트위스트 1회씩 해주면서 하나의 핀에 두 쌍의 보빈을 걸어줍니다.

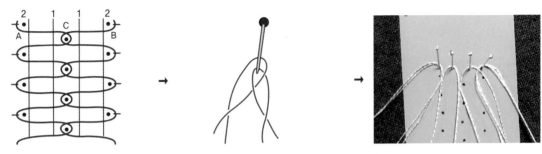

1　사진처럼 각 핀마다 보빈을 걸어줍니다(두 쌍씩 걸리는 부분은 p.77 '스티치 기법 4'를 참고해주세요).

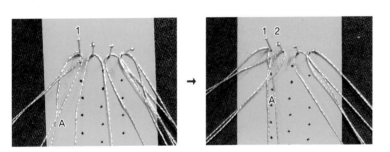

2　A 보빈을 1번과 2번 보빈의 순서대로 더블 스티치한 후에 왼쪽 옆으로 밀어둡니다.

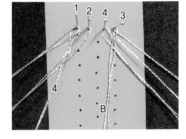

3　오른쪽 끝에 있는 B 보빈을 3번과 4번 보빈의 순서로 더블 스티치하며 가운데 지점까지 옵니다.

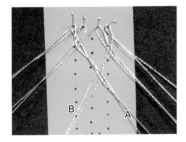

4-1　A 보빈과 B 보빈을 더블 스티치한 다음

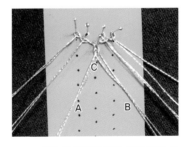

4-2　C핀 홀 자리에 핀을 꽂고 다시 두 보빈을 더블 스티치를 해줍니다.

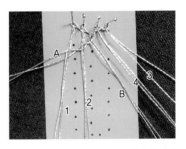

5-1　A 보빈은 2번과 1번 보빈의 순서대로 더블 스티치를 한 후

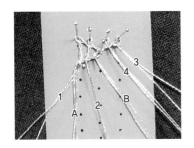

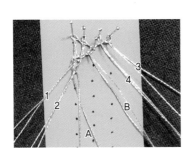

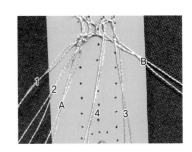

5-2 핀을 꽂고 A 보빈에 트위스트 1회 더 해준 다음

5-3 다시 1번과 2번 보빈의 순서대로 더블 스티치를 합니다.

6-1 동일한 방법으로 B 보빈도 4번, 3번 보빈의 순서대로 더블 스티치를 하고, 트위스트 1회 더 한 후에

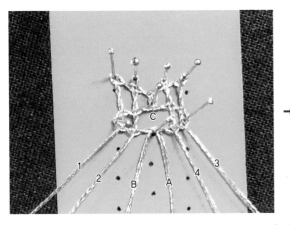

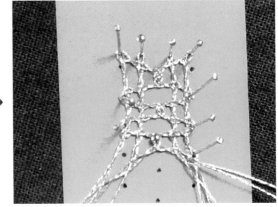

6-2 핀을 꽂고 3번, 4번 보빈과 순서대로 더블 스티치를 하며 가운데 C 지점으로 옵니다.

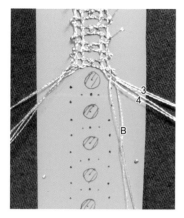

<u>7</u> 비즈를 연결할 지점까지 동일한 방법으로 2~6번 과정을 되풀이해줍니다.

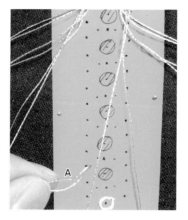

<u>8</u> 비즈를 연결한 지점에 오면.

<u>8-1</u> 트위스트가 1번 되어 있는 A 보빈의 위쪽에 있는 실을 동그랗게 접어줍니다.

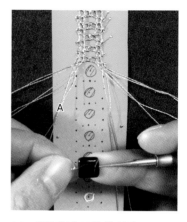

<u>8-2</u> 비즈 홀에 코바늘을 넣어

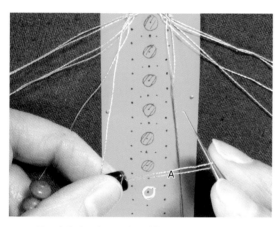

<u>8-3</u> 동그랗게 만들어둔 보빈의 실을 코바늘에 걸어서 비즈 홀을 통과시켜 실 고리를 만들어줍니다.

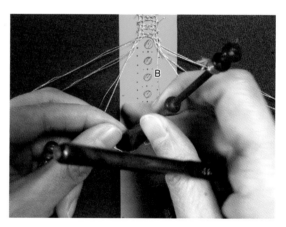

<u>8-4</u> 실 고리에 트위스트되어 있는 B 보빈의 두 가닥 실 중에서 아래쪽에 있는 실을 실 고리에 넣어 통과시킨 다음

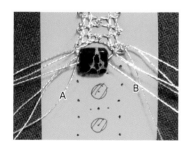

<u>8-5</u> 양쪽 보빈을 탱탱하게 당겨서 비즈가 정중앙에 오도록 자리를 잡아줍니다.

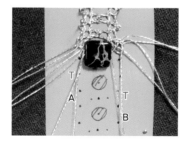

<u>9-1</u> A와 B 보빈을 각각 트위스트를 1회씩 해주고

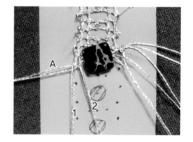

<u>9-2</u> A 보빈과 2번과 1번 보빈의 순서대로 더블 스티치를 하며 왼쪽으로 이동해줍니다.

80

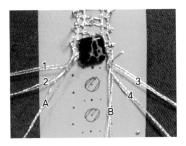

<u>9-3</u> 동일한 방법으로 B 보빈과 4번, 3번 보빈을 더블 스티치하며 오른쪽으로 이동해줍니다.

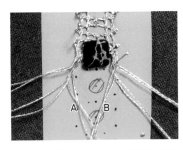

<u>10</u> 동일한 방법으로 핀 소잉으로 1단을 하고

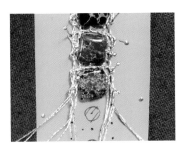

<u>10-1</u> 다음 단은 비즈 연결 소잉으로 스티치하고 번갈아가며 스티치를 진행해줍니다.

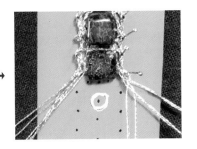

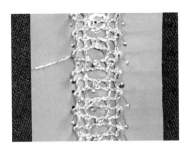

<u>11</u> 비즈 연결 부분이 끝나면 2~6번 과정을 되풀이합니다.

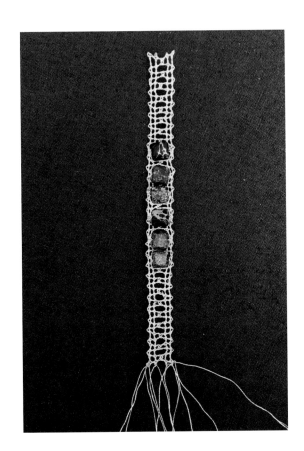

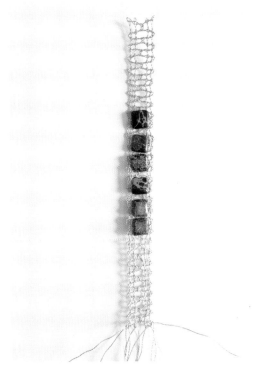

<u>12</u> 두 번 묶음으로 마무리를 하고 실을 자른 후 비즈캡을 씌워 완성합니다(p.63 참고).

독서는 나의 힘 1

토션 그라운드 연습을 위한 북마크

✕✕✕✕✕✕✕

보빈레이스에서 광범위하게 쓰이는 기법 중 하나가 토션 그라운드입니다.
무늬와 무늬를 연결할 때 많이 쓰이고, 다양한 변형도 가능하기 때문에
반드시 익혀야 할 중요한 기법입니다.
가장 기본이 되는 하프 스티치로 하는
토션 그라운드로 북마크를 만들어보겠습니다.

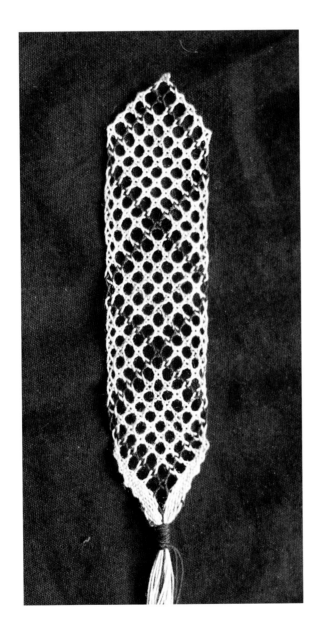

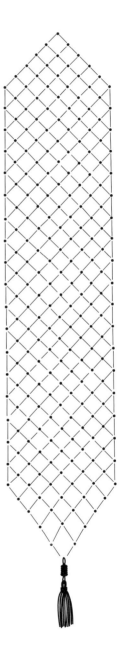

보빈 1두 쌍

사용 실 : 펄코튼 12번사

완성 사이즈 : 3×12.5 cm

사용 기법 : 토션 그라운드, 둥근 엣지, 마무리

스 티 치 기 법

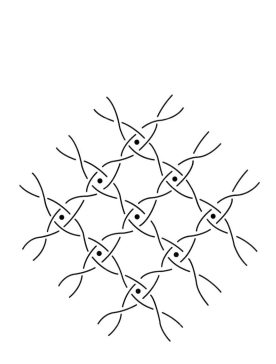

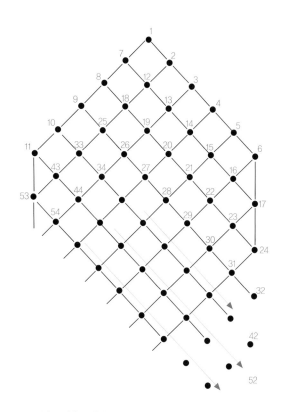

1　**토션 그라운드(Torchon Ground)**

두 쌍의 보빈을 하프 스티치를 해준 후에 가운데 핀을 꽂아주고 다시 하프 스티치를 해주는 기법입니다.

2　**토션 그라운드에서 보빈이 움직이는 순서**

(파란색 숫자는 핀 홀 자리이며 핀이 꽂히는 순서)

그림에서처럼 토션 그라운드는 위에서 아래로 사선으로 내려오는 순서로 스티치가 진행됩니다. 꼭짓점 1번에서 6번까지 스티치한 후에 7번부터 다시 시작해서 17번까지 아래로 사선으로 내려옵니다. 다시 8번에서부터 시작해서 24번으로 내려오는 식으로 움직이게 됩니다.

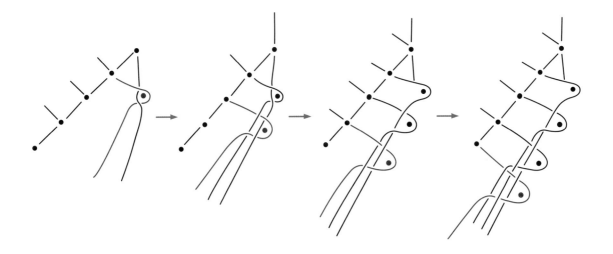

<u>3</u>   마무리 : 마지막 단을 스티치하면서 여러 쌍의 보빈을 가운데로 모아서 한번에 묶어서
꼬리를 만들어 정리해주는 기법입니다.

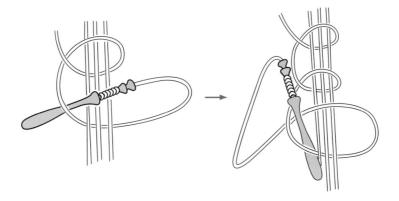

<u>4</u>   북마크 마무리 묶음 : 위 3번에서 마무리된 실들을 한번에 감아서 묶는 방법입니다.

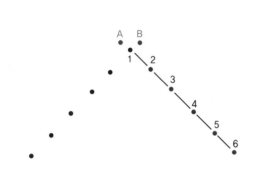

<u>*1-1*</u> 위의 순서를 참고해주세요.

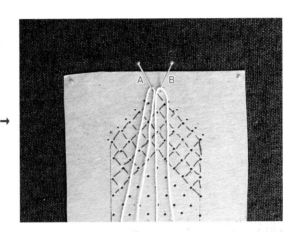

<u>*1-2*</u> 보조핀(파란점) 위에 A와 B 보빈을 한 쌍씩 걸어줍니다.

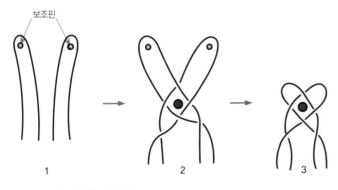

<u>*2-1*</u> 그림을 먼저 참고해주세요.

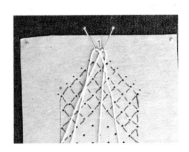

<u>*2-2*</u> A 보빈과 B 보빈을 하프 스티치하고

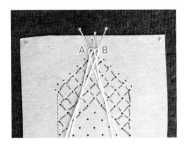

_2-3_ 원래 꽂혀야 하는 1번 핀 홀에 핀을 꽂아주고 다시 하프 스티치를 해줍니다.

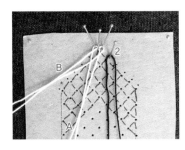

_3-1_ 보빈 한 쌍을 2번 핀 홀 위 보조 핀에 걸어준 후에

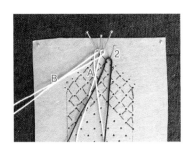

_3-2_ A 보빈과 2번 보빈을 하프 스티치한 다음

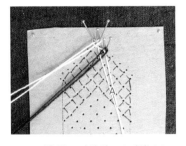

_3-3_ 핀을 꽂고 다시 하프 스티치(이하 토션 그라운드)해줍니다.

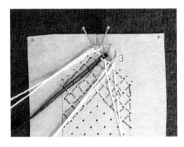

_4_ 3번 보빈을 보조 핀에 걸어준 후에 A 보빈과 3번 보빈을 토션 그라운드해줍니다.

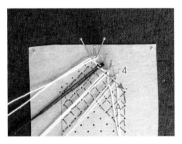

_5_ 같은 방법으로 4번 보빈부터 6번 보빈까지 화살표 방향으로 순서대로 토션 그라운드를 하며 내려옵니다.

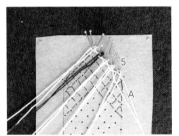

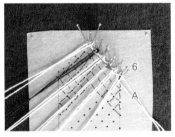

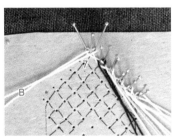

_6-1_ 6번 핀 홀까지 스티치한 보빈은 오른쪽으로 밀어두고 B 보빈이 있는 쪽에서 다시 스티치를 시작합니다.

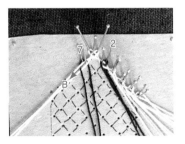

_6-2_ B 보빈과 7번 보빈을 토션 그라운드해주고

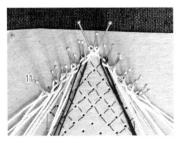

_6-3_ 같은 방법으로 8번부터 11번 보빈까지 토션 그라운드를 해서 'ㅅ' 자 모양의 시작선을 만들어줍니다.

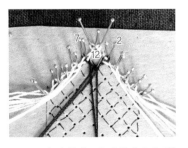

_7-1_ 7번 핀 홀과 2번 핀 홀에서 내려온 두 보빈을 토션 그라운드하면서 12번 핀 홀에 핀을 꽂아줍니다.

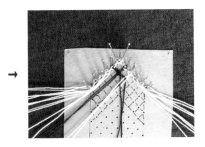
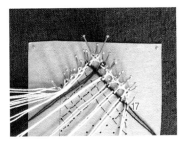

7-2 같은 방법으로 17번 핀 홀까지 토션 그라운드를 하며 내려옵니다.

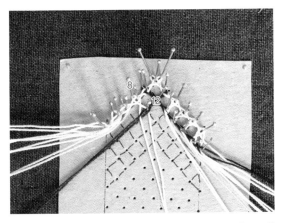

8-1 7번 과정까지 스티치한 보빈들은 오른쪽으로 밀어놓고, 왼쪽 8번 핀 홀로 올라와서 8번 핀 홀의 보빈과 12번 핀 홀의 보빈을 토션 그라운드해줍니다. 오른쪽의 보조핀을 모두 뽑아줍니다.

8-2 같은 방법으로 24번 핀 홀까지 스티치하며 내려옵니다.

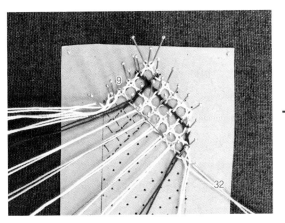
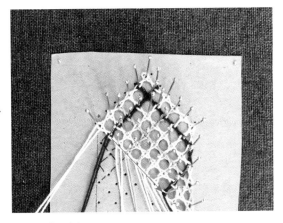

9 사진처럼 동일한 방법으로 순서대로 스티치를 해줍니다. 시작할 때 왼쪽에 꽂아두었던 보조 핀을 뽑아주면서 보빈들을 살살 당겨서 스티치를 정리해주고, 계속 토션 그라운드를 해줍니다.

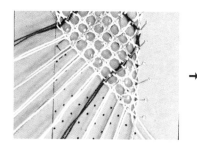 → 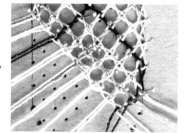 →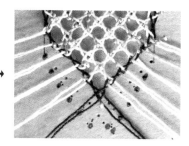

<u>**10**</u> 동일한 방법으로 토션 그라운드를 해줍니다. 사선 부분이 끝나고 직선 부분의 엣지는 하프 스티치해준 후 핀을 꽂고 바로 하프 스티치를 해줍니다. 이때 워커에 트위스트가 들어가지 않습니다.

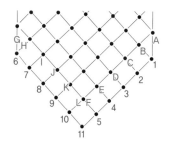

<u>**11-1**</u> 마지막 한 단을 남긴 상태에서 그림을 참고해주세요.

<u>**11-2**</u> 위 그림에서처럼 A와 B 보빈을 홀 스티치한 후에

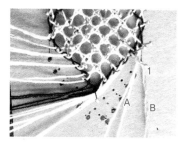

<u>**11-3**</u> B 보빈에 트위스트를 2번하고 1번 핀 홀에 핀을 꽂아주고

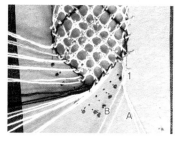

<u>**11-4**</u> 다시 A 보빈과 B 보빈을 홀 스티치한 다음 오른쪽으로 밀어둡니다.

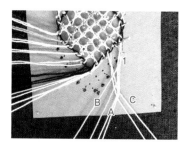

<u>**12-1**</u> C 보빈을 B와 A 보빈의 순서대로 홀 스티치를 해준 후에

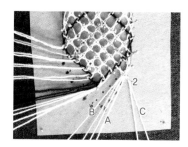

<u>**12-2**</u> C 보빈에 트위스트를 2번한 다음 2번 핀 홀에 핀을 꽂고

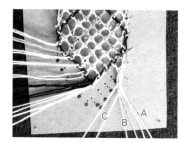

<u>**12-3**</u> 다시 C 보빈과 A, B 보빈의 순서로 홀 스티치한 다음 3쌍의 보빈을 오른쪽으로 밀어둡니다.

<u>**13-1**</u> D 보빈과 C, B, A 보빈의 순서대로 홀 스티치하고

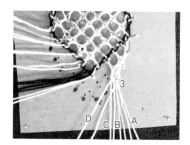

<u>**13-2**</u> D 보빈에 트위스트를 2회 한 후에 3번 핀 홀에 핀을 꽂고 다시 A, B, C 보빈 순으로 홀 스티치한 뒤 4쌍의 보빈은 오른쪽으로 밀어둡니다.

_14_   같은 방법으로 E 보빈과 F 보빈까지 스티치를 해줍니다.

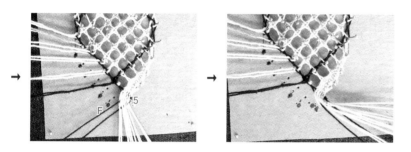

_15-1_   오른편이 마무리되고 나면 보빈들은 오른쪽으로 밀어수고.
왼편으로 이동해서 G 보빈과 H 보빈과 스티치를 시작합니다.

_15-2_   G 보빈과 H 보빈을 홀 스티치한 후에 H 보빈에 트위스트
를 2회한 후에 6번 핀 홀에 핀을 꽂고 홀 스티치해준 뒤 두 쌍의 보
빈은 왼쪽으로 밀어줍니다.

 →  →

<u>15-3</u>   순서대로 I, J, K, L 보빈을 같은 방법으로 스티치해줍니다.

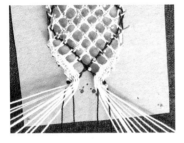

<u>16</u>   양쪽이 스티치가 마무리되고 두 보빈이 가운데로 모이게 된 모습입니다.

<u>17-1</u>   가운데 모인 두 쌍의 보빈을 홀 스티치해줍니다.

<u>17-2</u>   오른쪽의 다른 보빈들과 홀 스티치하며 오른쪽 끝으로 이동합니다.

<u>17-3</u>   워커를 손으로 잡은 상태에서 다른 보빈들을 하나씩 당기면서 스티치를 정리해준 뒤에 워커에 트위스트를 2회 해주고 11번 핀 홀에 핀을 꽂은 후 왼쪽 바로 옆 보빈 한 쌍과 홀 스티치를 해줍니다.

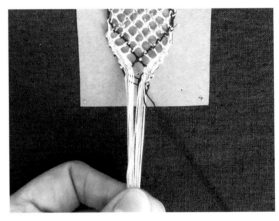

<u>18-1</u>   워커를 제외한 나머지 보빈을 모아서 잡고

 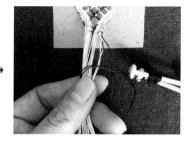 

<u>18-2</u>　워커로 보빈들을 한번 감아서 사진처럼 묶어주세요.

<u>18-3</u>　느슨하지 않게 꽉 조여주고 보빈을 돌돌돌 감으면서 원하는 길이만큼 만들어줍니다.

<u>18-4</u>　다시 두어 번 정도 감아서 묶어주고 잘라줍니다.

<u>19</u>　완성

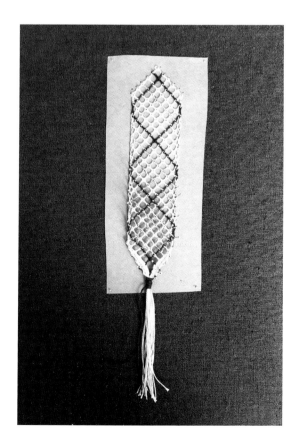

독서는 나의 힘 2

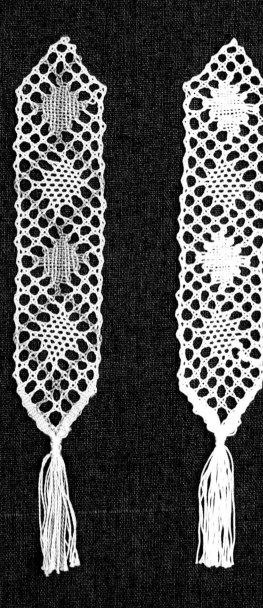

다이아몬드 워크로 만드는 북마크

◇◇◇◇◇◇◇◇

앞의 작품에서는 하프 스티치로 진행하는 토션 그라운드를 연습해보았습니다.
사실 토션 그라운드만으로 전체 작품을 하기보다는 지금 익히게 될
다이아몬드 워크(Diamond Work)와 함께 사용하는 등 다양한 스티치들과 함께 쓰이게 됩니다.
다이아몬드 워크 역시 굉장히 자주 사용되는 것으로
반드시 알고 가야 할 기법이에요.
두 가지 기법이 동시에 들어가 좀 복잡해 보이지만 차근차근 따라 해보세요.

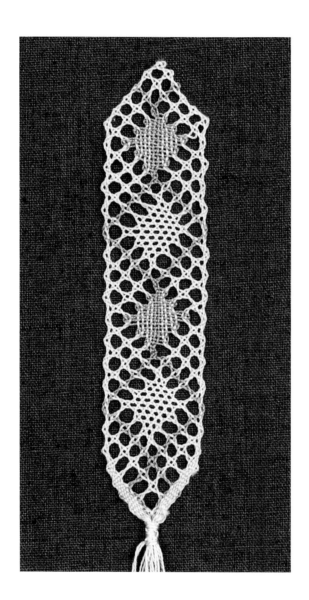

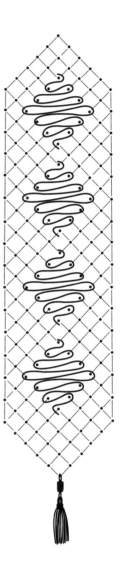

보빈 1두 쌍

사용 실 : 펄코튼 12번사

완성 사이즈 : 3×12.5 cm

사용 기법 : 토션 그라운드, 홀 스티치 다이아몬드 워크(Whole Diamond Work),

하프 스티치 다이아몬드 워크(Half Stitch Diamond Work), 둥근 엣지, 두 번 묶음

스 티 치 기 법

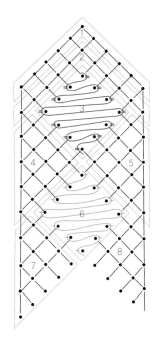

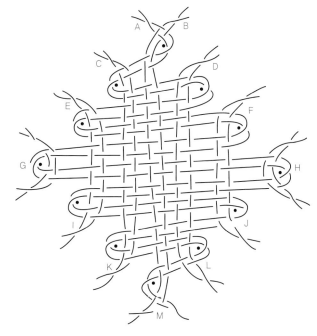

_1_ 그림의 빨간색 숫자 순서대로 스티치가 진행됩니다.

1번 시작선을 하프 스티치로 토션 그라운드를 해준 후에 2번도 토션 그라운드로 스티치하고 홀 스티치로 3번 다이아몬드 워크를 해줍니다. 그다음에 4번으로 넘어가 토션 그라운드를 한 뒤에 5번으로 와서 토션 그라운드를 한 다음, 하프 스티치로 6번 다이아몬드 워크를 해줍니다. 무늬 하나를 끝내고 다른 무늬로 들어간다고 이해하면 될 듯합니다.

_2_ 다이아몬드 워크(Diamond Work)

왼쪽 그림에서 3번은 홀 스티치로 하는 다이아몬드 워크, 6번은 하프 스티치로 하는 다이아몬드 워크입니다.

만 드 는 법

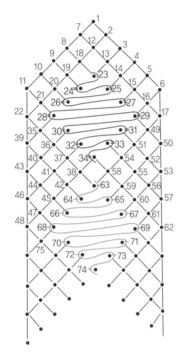

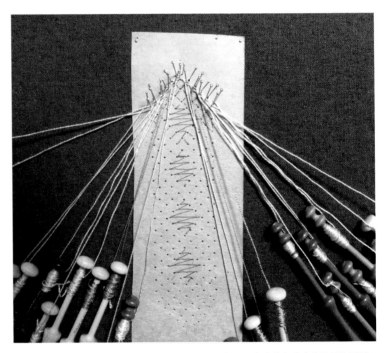

1-1 그림의 순서를 참고해주세요(파란색 숫자는 핀 홀 자리의 번호이며 핀이 꽂히는 순서).

1-2 토션 그라운드 연습을 위한 북마크(p.87~89)의 1~7번까지의 과정과 동일한 방법으로 시작선을 만들어줍니다.

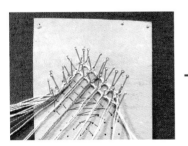

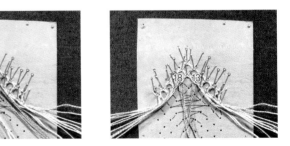

2 위 순서도에 따라 순서대로 하프 스티치로 토션 그라운드를 진행합니다. 이때 엣지는 두 쌍의 보빈을 더블 스티치한 후에 워커에 트위스트를 1회 해준 후 핀을 꽂고 다시 더블 스티치하는 둥근 엣지를 해줍니다.

3-1 18번 핀 홀의 보빈과 13번 핀 홀의 보빈을 홀 스티치한 후에

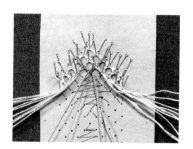

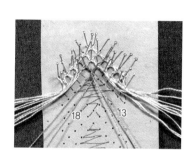

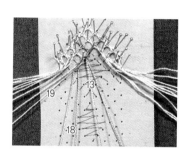

3-2 오른쪽에 있는 보빈에 트위스트를 2번 해주고 핀을 꽂아줍니다. 워커가 됩니다.

3-3 다시 홀 스티치를 해줍니다.

4-1 워커를 왼쪽의 19번 핀 홀의 보빈과 홀 스티치를 해준 뒤에 트위스트를 2회하고 핀 홀에 핀을 꽂고 홀 스티치해줍니다.

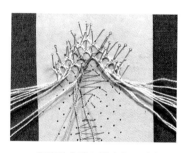

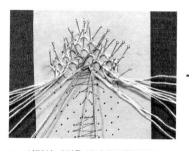

4-2 13번 핀 홀의 보빈과 홀 스티치하며 오른쪽으로 이동합니다.

5 사진의 과정을 따라 동일한 방법으로 순서대로 진행해줍니다.

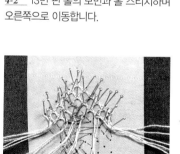

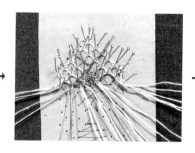

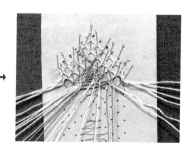

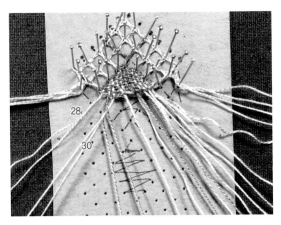

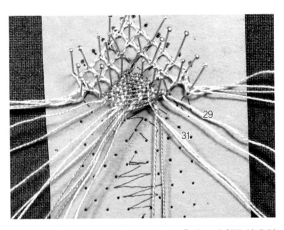

6-1 28번 핀 홀의 보빈은 스티치하지 말고 바로 앞에 있는 보빈 까지만 홀 스티치하고, 워커에 트위스트를 2회 하고 30번 핀 홀에 핀을 꽂은 후에 홀 스티치합니다.

6-2 오른쪽으로 홀 스티치하며 29번 핀 홀의 보빈 왼쪽 앞에 있 는 보빈까지 이동하며 동일한 방법으로 과정 사진을 따라 스티치 를 진행합니다.

→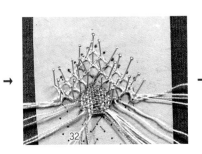

→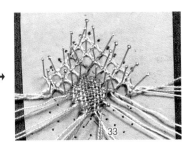

→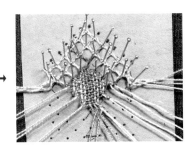

→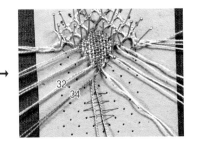

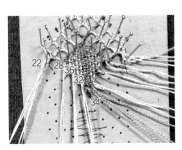

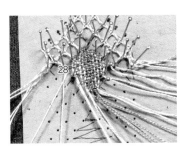

7-1 홀 스티치 다이아몬드 워크가 마무 리되면 보빈들을 오른쪽으로 살짝 밀어줍 니다(이때 다이아몬드 워크의 각 핀마다 한 쌍의 보빈이 걸려 있어야 합니다).

7-2 28번 핀 홀의 보빈을 트위스트를 1 회 해준 후

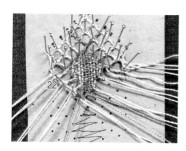

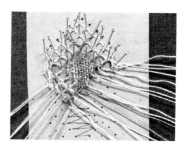

7-3 22번 핀 홀의 보빈과 토션 그라운드로 스티치해주며 화살표 방향으로 순서대로 토션 그라운드를 하며 사선으로 내려갑니다.

7-4 과정 사진에 따라 동일한 방법으로 48번 핀 홀까지 토션 그라운드를 해줍니다.

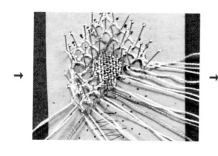

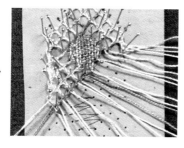

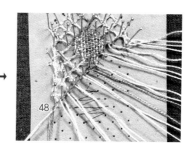

8 오른쪽으로 올라와 사진 과정과 같은 방법으로 토션 그라운드를 해줍니다.

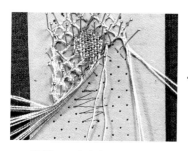

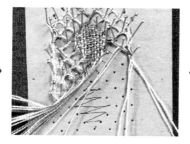

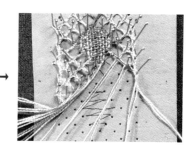

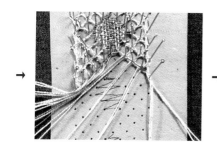

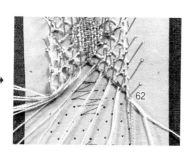

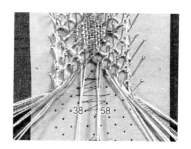

9-1 하프 스티치로 하는 다이아몬드 워크를 해줄 차례입니다. 홀 스티치 클로스 워크와 동일한 방법으로 진행되지만 하프 스티치로 진행한다는 차이가 있을 뿐입니다.

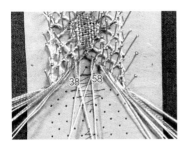

9-2 사진 과정처럼 38번 핀 홀과 58번 핀 홀의 두 보빈을 하프 스티치한 후에

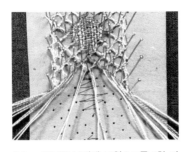

9-3 오른쪽 보빈에 트위스트를 1회 더 해서 핀을 꽂고

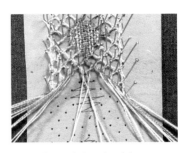

9-4 하프 스티치를 해줍니다.

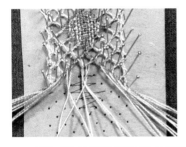

→

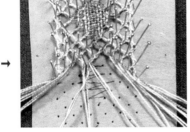

→

10 사진 과정과 동일한 방법으로 스티치를 진행해줍니다.

→

→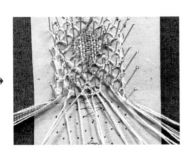

→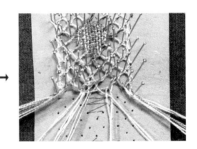

→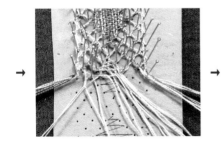

→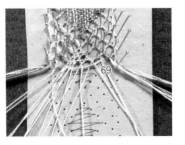

→

11 사진 과정에 따라 순서대로 스티치를 진행해서 하프 스티치로 하는 다이아몬드 워크를 마무리합니다.

→  → 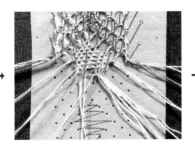 →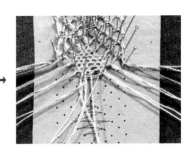

→ 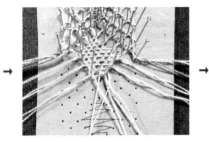 →

(다이아몬드 워크의 각 핀마다 한 쌍의 보빈이 걸려있어야 합니다.)

_12_ 사진 과정에 따라 순서대로 스티치를 진행해줍니다.

→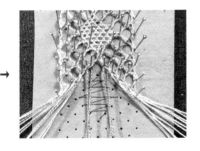

→

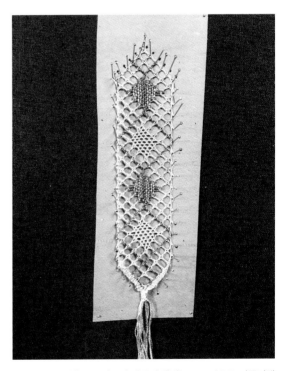

_13_ 토션 그라운드 북마크의 마무리 방법(p.92~93)으로 마무리해줍니다.
_14_ 완성

기본에 기본을 더하다 1

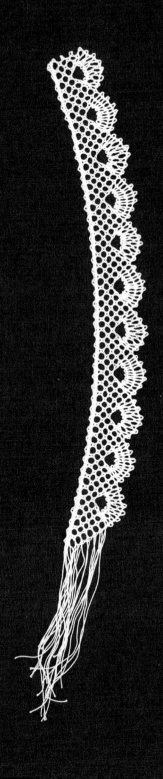

토션 그라운드와 팬(fan)이 들어간 엣징

◇◇◇◇◇◇◇◇

하프 토션 그라운드와 더블 스티치 그리고 하프 스티치를 이용한
팬이 들어간 엣징을 해보겠습니다.
엣징은 원단의 끝에 주로 붙여서 사용하는데, 처음부터 길이를 정해서 하는 방법과
길게 떠두었다가 잘라서 쓰는 방법이 있습니다.

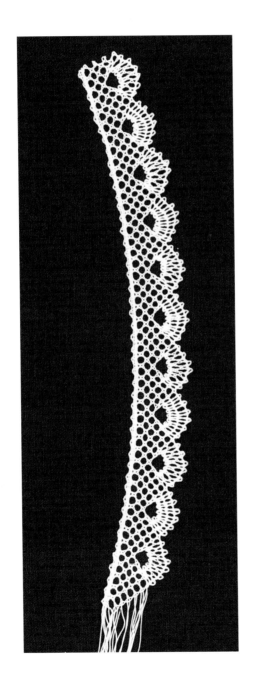
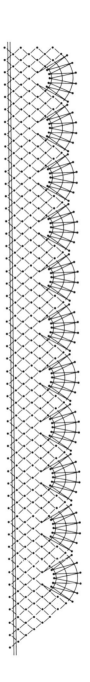

보빈 1한 쌍
사용 실 : DMC Cordonnet special (코르도네 스페셜) no.80
완성 사이즈 : 2×16cm
사용 기법 : 토션 그라운드, 팬 둥근 엣지

스 티 치 기 법

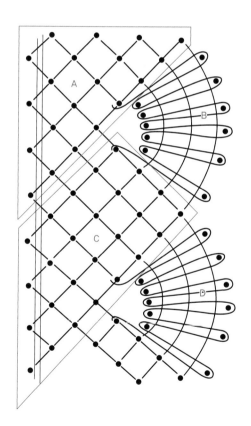

1___ 그림에서처럼 A 부분을 하프 스티치로 토션 그라운드한 다음 B 부분의 팬을 합니다. 그리고 C 부분을 다시 하프 토션 그라운드를 스티치하는 순서로 진행됩니다.

2___ 팬(fan)
그림의 B와 D처럼 부채꼴 모양을 팬(fan)이라고 합니다.
B는 더블 스티치, D는 더블 스티치와 하프 스티치로 스티치합니다.

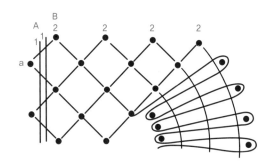

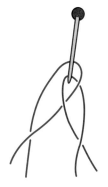

__1-1__　그림처럼 각 핀 홀에 보빈을 걸어줍니다.

• 왼쪽의 A는 엣지가 되는 부분으로 두 쌍의 보빈과 a 보빈을 홀
　스티치와 둥근 엣지로 스티치해줍니다.

• a 보빈은 B 자리에 걸린 두 쌍의 보빈 중 왼쪽에 위치한 보빈

__1-2__　두 쌍을 거는 핀은 그림을 참고해서 같은 모양으로 보빈을
걸어주세요(p.77 참고).

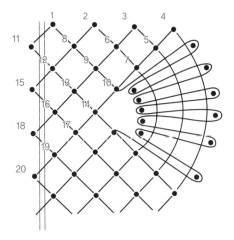

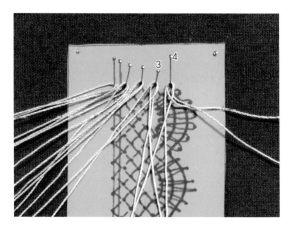

__2-1__　위 그림의 순서도를 참고해주세요(파란 숫자는 핀 홀의 번호
이자 진행되는 순서입니다).

__2-2__　각 핀에 보빈을 걸고 3번 핀 홀의 두 쌍 중 오른쪽 보빈과 4
번 핀 홀의 두 쌍 중 왼쪽 보빈을 하프 스티치한 후에

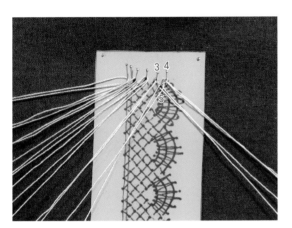

2-3 5번 핀 홀에 핀을 꽂고 다시 하프 스티치(이하 토션 그라운드)를 해줍니다.

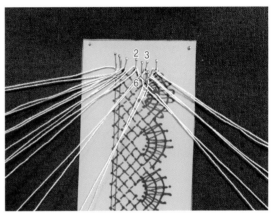

3 2번 핀 홀의 두 쌍 중 오른쪽 보빈과 3번 핀 홀에 있는 보빈을 토션 그라운드해준 다음 화살표 방향으로 순서대로 7번 핀 홀까지 스티치를 진행합니다. 같은 방법으로 10번 핀 홀까지 핀을 꽂으며 토션 그라운드를 해줍니다.

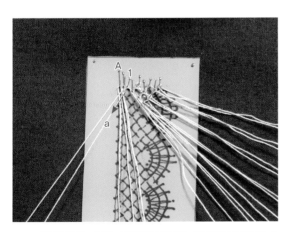

4-1 1번 핀 홀의 a 보빈과 왼쪽의 A에 있는 두 쌍의 보빈을 홀 스티치를 해줍니다.

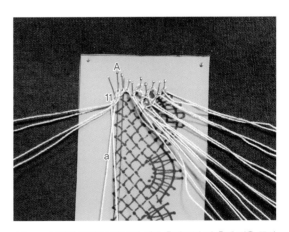

4-2 a 보빈에 트위스트를 2회 해준 후에 11번 핀 홀에 핀을 꽂아주고 다시 A의 두 쌍의 보빈과 홀 스티치를 한 다음 트위스트를 1번 해줍니다.

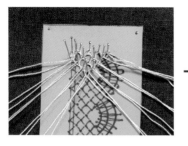  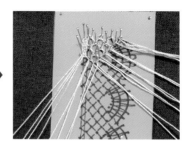

5 순서에 따라 토션 그라운드를 해줍니다.

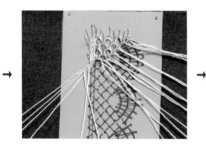 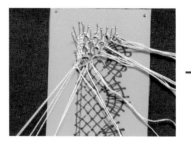 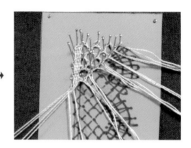

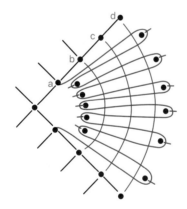

6-1 그림을 참고해주세요. A 파트의 팬은 더블 스티치로 진행됩니다.

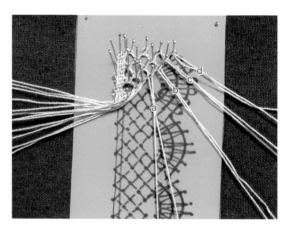

6-2 a 보빈이 워커가 됩니다.

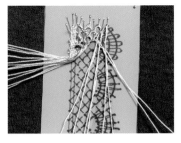 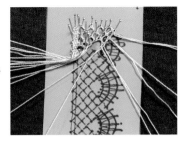 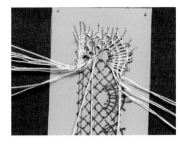

6-3 a 보빈을 b, c, d 보빈과 순서대로 더블 스티치를 해준 후 트위스트를 1회 해줍니다. 그리고 핀을 꽂고 다시 더블 스티치하며 사진 과정에 따라 스티치를 진행합니다.

7 팬을 완성하고 난 후 사진 과정에 따라 순서대로 하프 스티치로 토션 그라운드를 하며 스티치를 진행해줍니다.

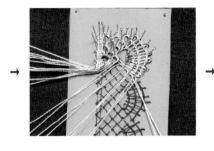 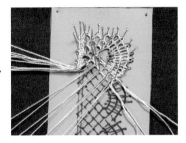 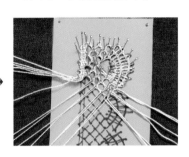

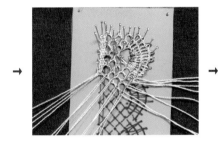 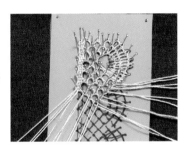 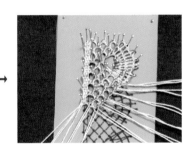

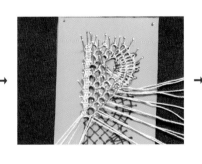 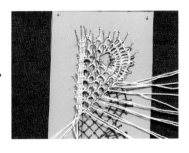

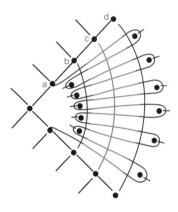

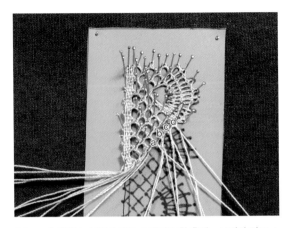

8-1 그림을 참고해주세요. B 팬은 b와 d 보빈은 더블 스티치, c 보빈은 하프 스티치로 스티치해줍니다.

8-2 a 보빈을 b 보빈과 더블 스티치를 한 후에 c 보빈과 하프 스티치해주고, d 보빈과 더블 스티치를 해줍니다.

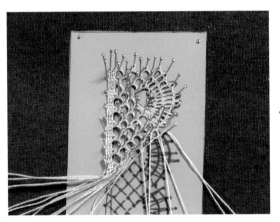

→

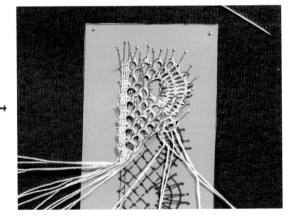

8-3 워커에 트위스트를 1회 해주고 다시 더블 스티치, 하프 스티치, 더블 스티치 순으로 스티치를 해줍니다. 반복하면서 팬을 마무리해줍니다.

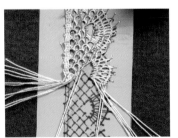

→

→

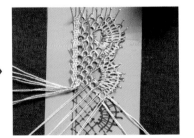

9 3~8번의 과정을 반복합니다.

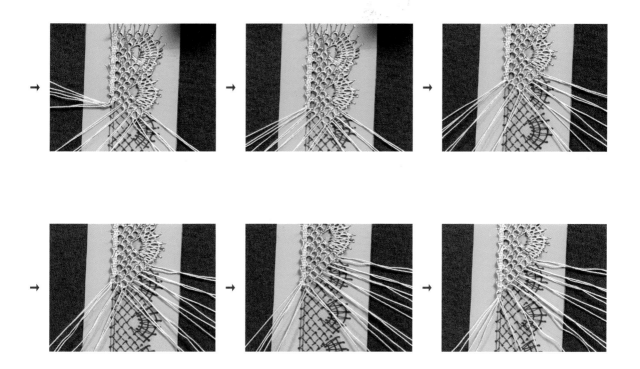

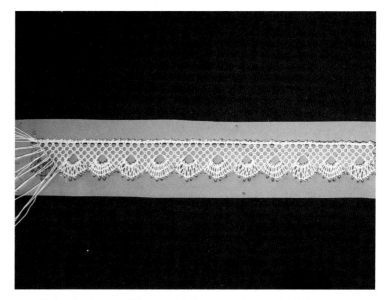

10 원하는 길이만큼 스티치한 후 두 번 묶음으로 마무리하고 잘라줍니다.

뚝딱! 만드는 반제품 장식 1

스파이더 스티치 연습을 위한 반제품 펜던트

◇◇◇◇◇◇◇◇

스파이더 스티치(Spider Stitch)는 보빈레이스에서 사랑받는 스티치 중 하나로
다양한 변형이 가능하고 광범위하게 사용하는 스티치입니다.
액세서리나 장식품에도 자주 쓰입니다.
스파이더 스티치 연습도 하고, 반제품 장식도 만들어보도록
간단하게 홀 스티치를 이용한 스파이더 스티치로 펜던트를 만들어보겠습니다.

준 비 물

보빈 14쌍

사용실 : 메탈릭사

기타 준비물 : 2×2.5 cm 펜던트 부속, 천 조금, 투명 실

완성 사이즈: 2.5×2.5 cm

사용 기법 : 홀 스티치를 이용한 스파이더 스티치

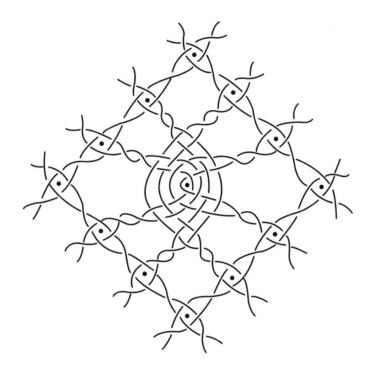

스파이더 스티치(Spider Stitch)
좌우 각각 두 쌍의 보빈을 트위스트한 다음 홀 스티치를 한
후 핀을 꽂고 다시 홀 스티치해주고 트위스트를 2번 해주면
서 모양을 만들어줍니다.

만 드 는 법

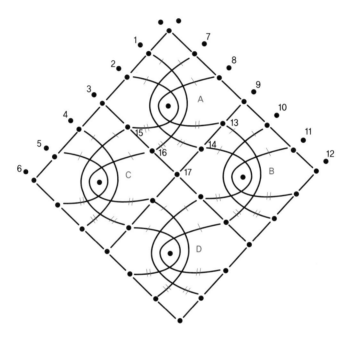

1 그림을 참고해주세요(보조 핀을 이용하며 숫자는 핀 홀의 번호이자 스티치가 진행되는 순서입니다).

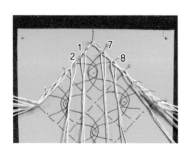

2-1 토션 그라운드 연습을 위한 북마크 (p.88)의 시작과 동일한 방법으로 시작선 을 만들어준 다음 1번과 2, 7, 8번 핀 홀의 보빈을 각각 트위스트 1번씩 더 해서 2번 의 트위스트가 되어 있는 상태에서

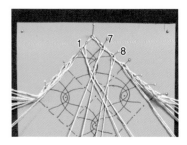

2-2 1번 보빈을 7, 8번 보빈과 순서대로 홀 스티치해줍니다.

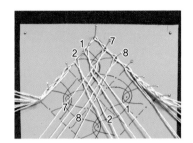

<u>3-1</u>　2번 보빈을 7, 8번 보빈과 순서대로 홀 스티치해줍니다.

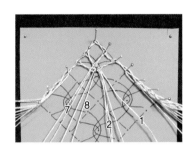

<u>3-2</u>　7, 8번 보빈과 2, 1번 보빈 사이에 핀을 꽂아줍니다.

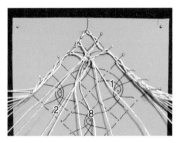

<u>4-1</u>　핀의 왼쪽 옆에 있는 8번 보빈을 오른쪽에 있는 2번 보빈과 홀 스티치해줍니다.

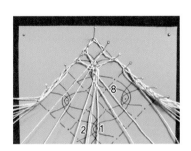

<u>4-2</u>　1번 보빈도 홀 스티치해서 8번 보빈이 오른쪽 끝에 위치하도록 해줍니다.

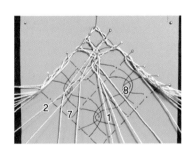

<u>4-3</u>　7번 보빈을 2번 보빈과 스티치해줍니다.

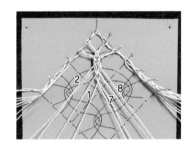

<u>4-4</u>　1번 보빈과도 홀 스티치해서 7번 보빈이 8번 보빈의 아래쪽에 있어야 합니다.

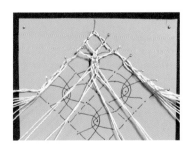

<u>5</u>　각각의 보빈에 트위스트를 2번씩 해줍니다. *Tip.* 스파이더 스티치하기 전과 후의 트위스트 개수가 다름을 주의해서 스티치해주세요.

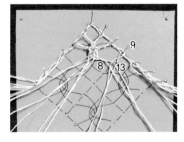

<u>6-1</u>　8번 보빈을 9번 보빈과 하프 스티치한 후에 13번 핀 홀에 핀을 꽂고 다시 하프 스티치해줍니다.

<u>6-2</u>　7번 보빈도 동일한 방법으로 스티치한 후 14번 핀 홀에 핀을 꽂아줍니다.

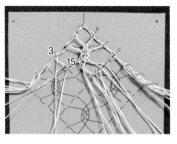 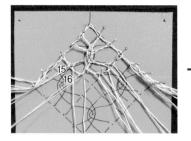

7-1 3번 보빈과 2번 보빈을 하프 스티치한 다음 15번 핀 홀에 핀을 꽂아주고 다시 하프 스티치를 해줍니다.

7-2 동일한 방법으로 토션 그라운드를 해서 스파이더 스티치를 완성해줍니다.

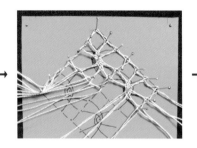 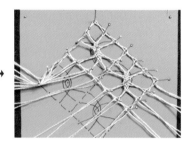 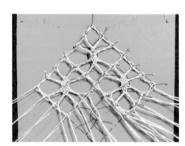

8 동일한 방법으로 각각의 스파이더 스티치를 완성한 후 두 번 묶음으로 마무리를 하고 잘라줍니다.

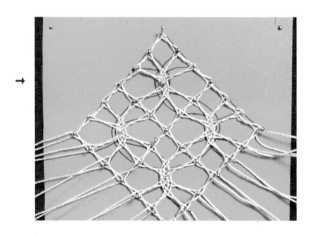 

9 원단과 투명 실 반제품을 준비해둡니다.

9-1 핀을 뽑고 두안에서 떼어낸 후 원단 위에 올려두고 모티브와 원단을 같이 투명실로 시침합니다.

9-2 앞면에는 마무리 실이 남아 있지 않게 원단 뒷면으로 빼서 마무리해줍니다.

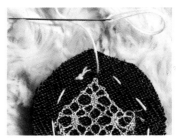

9-3 앞면을 반제품 크기보다 약간 크게 굵은 실로 홈질해서 반제품을 넣고 오므려준 후 밑판과 붙여줍니다.

9-4 완성

10 도안을 축소와 확대하면서 다양하게 응용해보세요.

Tea Mat

느린 오후를 위한 티매트

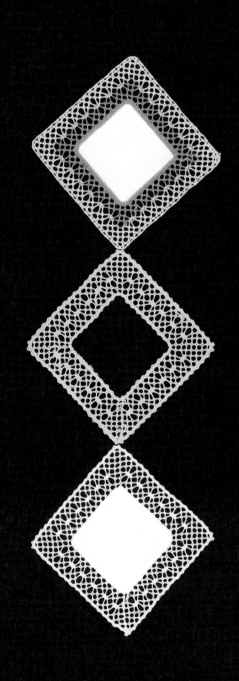

스파이더 스티치를 응용한 티매트

◇◇◇◇◇◇◇◇

스파이더 스티치 연습을 위한 반제품 펜던트(p.117)에서
스파이더 스티치를 연습해봤어요.
이젠 스파이더 스티치와 토션 그라운드를 이용해서 작은 티매트를 만들어보겠습니다.
처음과 끝을 연결해서 매트 장식으로 만들어도 좋고,
엣징으로 해서 작은 파우치나 손수건의 끝단 장식으로 만들어도 좋아요.

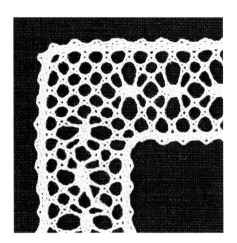

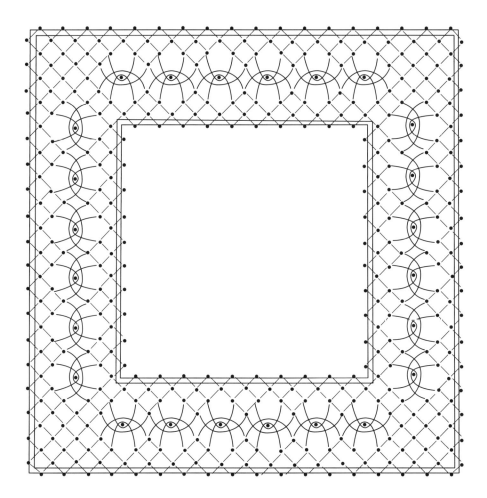

준 비 물

보빈 1두 쌍

사용 실 : 펄코튼 12번사

완성 사이즈 : 12×12cm

사용 기법 : 스파이더 스티치, 홀 스티치, 토션 그라운드, 팬 둥근 엣지, 마무리 소잉, 두 번 묶음

스 티 치 기 법

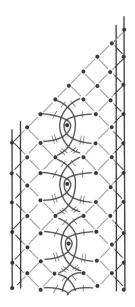

1 스파이더 스티치는 홀 스티치, 토션 그라운드는
하프 스티치, 둥근 엣지로 스티치를 해줍니다.

2 코바늘 소잉 : 시작 단과 마지막 단을 연결할 때 쓰는 방법입니다(하프 스티치로 만드는
꽃 모티브(p.65)의 마지막 코바늘 소잉 연결을 참고해주세요).

만 드 는 법

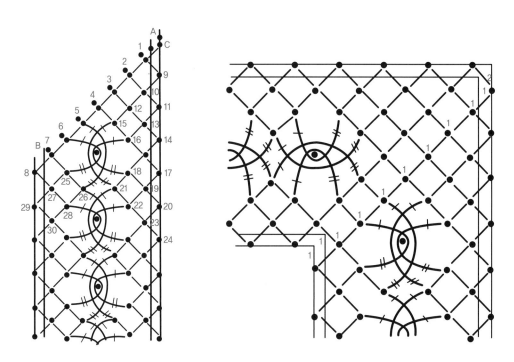

1 그림처럼 보조핀을 꽂고 핀마다 보빈을 걸어줍니다.

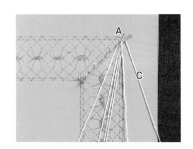

2-1 C 핀 홀 위 보조핀에 보빈 한 쌍을 걸고, A 핀 홀 위에 2개의 보조핀을 꽂고 각각 한 쌍씩 보빈을 걸어줍니다.

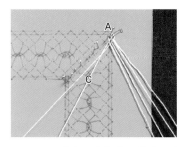

2-2 C 보빈과 A 핀 홀의 두 쌍의 보빈을 각각 홀 스티치해준 다음 C 보빈에 트위스트를 1번 해줍니다.

2-3 1번 보조핀 홀에 핀을 꽂아주고 보빈 한 쌍을 걸어줍니다.

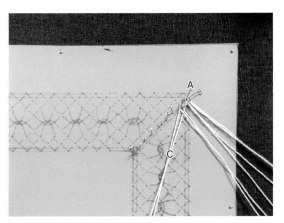

2-4 1번 핀 홀의 보빈과 하프 스티치를 해준 후 핀을 꽂고 다시 하프 스티치를 해줍니다. 토션 그라운드 연습을 위한 북마크(p.88)의 시작선 만드는 방법과 동일합니다.

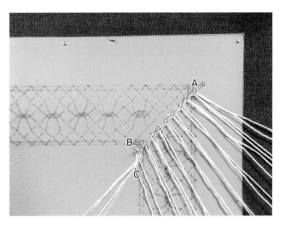

2-5 같은 방법으로 7번 핀 홀까지 토션 그라운드를 해준 다음 안쪽 엣지가 되는 B 부분 두 쌍의 보빈과 홀 스티치를 하고 워커에 트위스트를 2번 한 후 다시 두 쌍의 보빈과 순서대로 홀 스티치한 다음 보조핀은 다 뽑아줍니다.

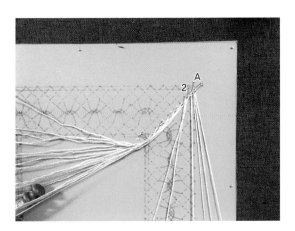

3-1 2번 과정을 통해 시작선을 만들어준 다음, 보빈들을 왼쪽으로 밀어두고 2번 핀 홀이 있는 쪽의 보빈들을 가져옵니다.

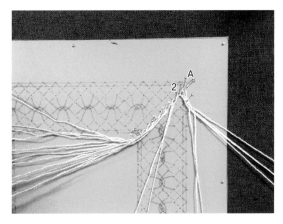

3-2 2번 핀 홀의 보빈과 A의 두 쌍의 보빈을 홀 스티치하고 워커에 트위스트를 2번 한 후 다시 두 쌍의 보빈과 홀 스티치해준 다음 워커에 트위스트를 1번 해줍니다.

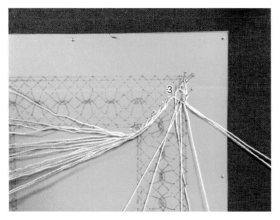

3-3-1 3번 핀 홀의 보빈과 하프 스티치 후 핀을 꽂고 다시 하프 스티치해준 다음

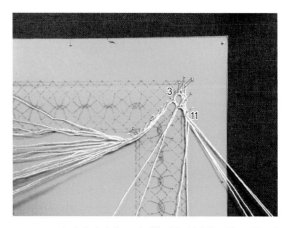

3-3-2 11번 핀 홀까지 홀 스티치한 다음 워커에 트위스트를 1번 해주고, 다시 두 쌍의 보빈을 홀 스티치해준 다음 트위스트를 1번 해줍니다.

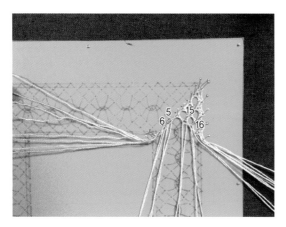

3-4 동일한 방법으로 순서대로 스파이더 스티치하기 전까지 하프 스티치로 토션 그라운드와 둥근 엣지를 해줍니다.

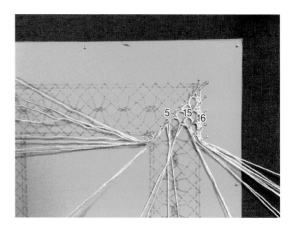

4-1 스파이더 스티치를 하게 될 5번, 15번, 16번 핀 홀의 보빈에 는 트위스트를 1번씩 더 해줘서 총 2번의 트위스트가 되어 있도록 해줍니다.

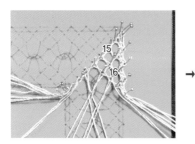 → 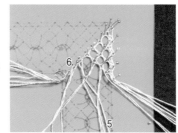 →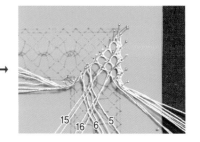

4-2 스파이더 스티치 연습을 위한 반제품 펜던트(p.117)을 참고하면서 과정 사진과 동일한 방법으로 스파이더 스티치를 한 다음

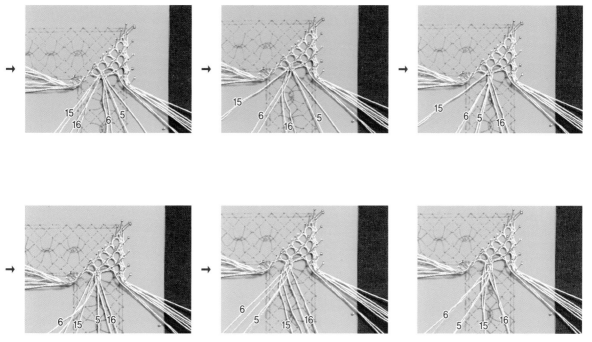

4-3 4쌍의 보빈에 각각 트위스트를 2번
씩 해줍니다.

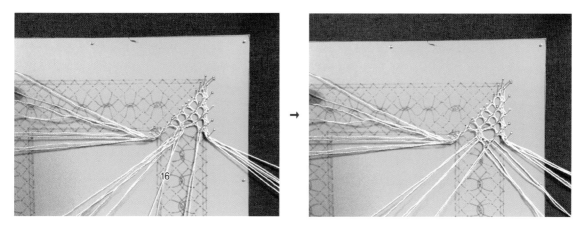

5-1 사진 과정과 같이 스파이더 스티치의 오른쪽 부분을 토션 그라운드를 하면서
스티지를 해줍니다.

<u>5-2</u> 사진 과정과 동일한 방법으로 오른쪽 토션 그라운드와 엣지 부분을
스티치합니다.

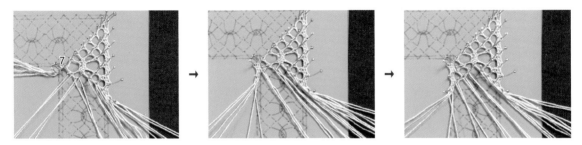

<u>6</u> 스파이더 스티치의 왼쪽 부분으로 와서 토션 그라운드와 둥근 엣지를
순서에 따라 해줍니다.

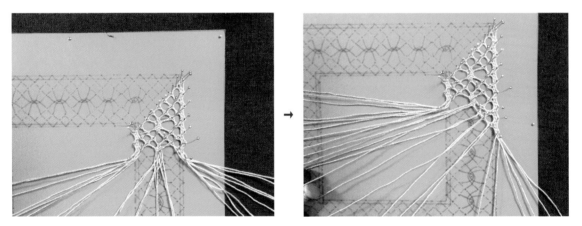

<u>7</u> 4번의 과정과 동일한 방법으로 스파이더 스티치를 한 후에 5~6번 과정에 따라
토션 그라운드와 엣지를 스티치해줍니다.

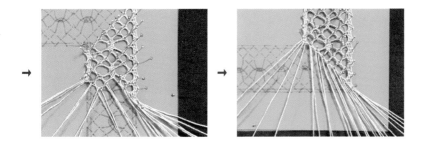

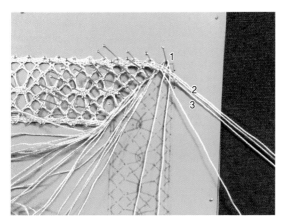

8-1 　모서리 부분에 오면 스티치의 진행 방향과 내 몸이 수직이 되게 필로를 돌려주고 사진 과정처럼 1번 보빈을 2, 3번 보빈과 순서대로 홀 스티치해줍니다.

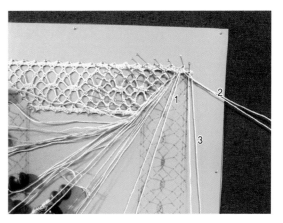

8-2 　1번 보빈은 그대로 둔 상태에서 3번 보빈과 2번 보빈을 홀 스티치해줍니다.

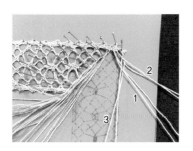

8-3 　3번 보빈과 1번 보빈도 홀 스티치한 후에 3번 보빈에 트위스트를 1번 해줍니다.

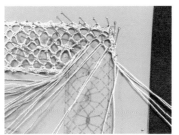

9 　5~6번 과정과 동일한 방법으로 토션 그라운드와 둥근 엣지를 해줍니다.

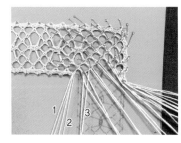

10-1 안쪽 모서리 부분을 해야 할 차례입니다.

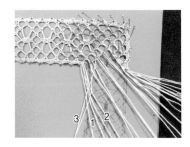

10-2 3번 보빈을 2번, 1번 보빈과 순서대로 홀 스티치를 하고 트위스트를 2회한 후 핀을 꽂고

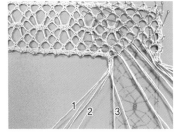

10-3 다시 3번 보빈이 1번, 2번 보빈을 순서대로 홀 스티치해줍니다.

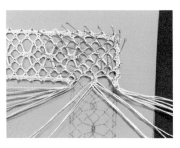

11 1~10 번 과정을 동일한 방법으로 스티치를 반복해줍니다.

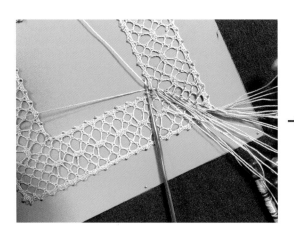

12 마무리는 코바늘 소잉 방법으로 마무리해줍니다. 안쪽 엣지인 홀 스티치부터 소잉해서 바깥으로 나오는데 홀 스티치와 연결할 때는 연결하는 보빈 역시 트위스트 없는 상태에서 연결하고 하프 스티치와 연결할 때는 트위스트가 1번 되어 있는 상태에서 연결해줍니다(스파이더 스티치 언습을 위한 반제품 펜던트(p.117)의 마무리를 참고해주세요).

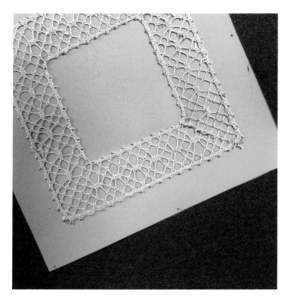
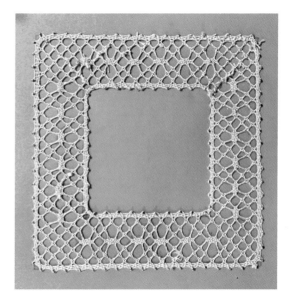

13 두 번 묶음한 후 자를 때 바싹 잘라도 되고, 5cm 이상 여유 있게 잘라서 바늘로 스티치 사이사이를 통과시켜 감침질하듯이 마무리해도 좋습니다.

14 완성

뚝딱! 만드는 반제품 장식 2

허니콤 그라운드 연습을 위한 반제품 장식

◇◇◇◇◇◇◇◇

허니콤 그라운드(Honeycomb Ground)라는 이름 그대로
벌집 모양으로 스티치가 나옵니다.
대개는 더블 스티치로 하지만 하프 스티치나 홀 스티치 등으로 작업해서
다양한 효과를 주기도 하고, 스티치가 화려해서 장신구 등의 작은 소품 등에 많이 응용됩니다.
순서를 잘 맞춰야 덜 헷갈리기 때문에 샘플러로 미리 연습해본 후
반제품 장식을 만들어보겠습니다.

준 비 물

보빈 14쌍
사용 실 : Diamant Methalic(디아망 메탈릭)사
완성 사이즈 : 2×2 cm
사용 기법 : 더블 스티치로 하는 허니콤 그라운드(Honeycomb Ground)
(과정 사진 속에 사용된 실은 이해하기 쉽도록 두꺼운 실을 사용했으며
도안은 디아망 메탈릭사에 맞춰 만들어진 도안입니다.)

스 티 치 기 법

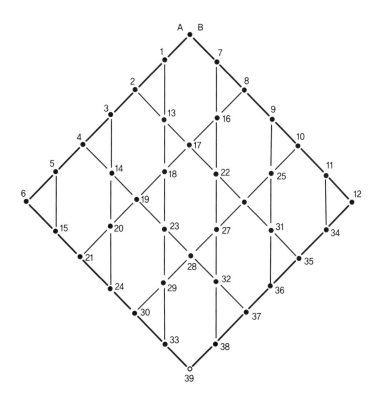

_1_ 기본적인 시작 방법은 토션 그라운드 연습을 위한 북마크(p.88)와 동일
하지만 더블 스티치로 시작선을 만들어줍니다. 1~6번 시작선을 먼저
하고 나서 7~12번을 해주고 그다음 순서대로 스티치합니다.

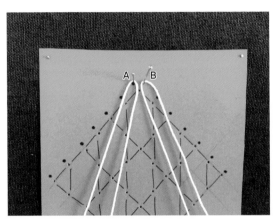

<u>*1-1*</u>　사진처럼 보조핀 A와 B에 한 쌍씩 보빈을 걸어주고

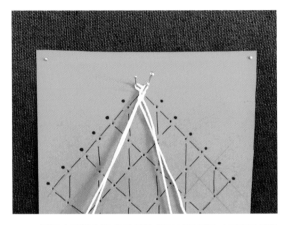

<u>*1-2*</u>　더블 스티치를 한 후에 핀을 꽂고 다시 더블 스티치를 해줍니다.

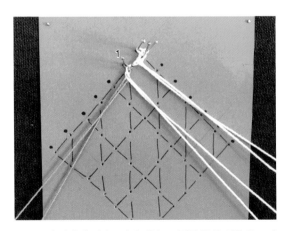

<u>*2-1*</u>　1번 핀 홀에 걸린 보빈과 더블 스티치를 한 후 핀을 꽂고 다시 더블 스티치해줍니다. 이때 스티치한 후에 보조핀은 뽑아줍니다. *Tip.* 더블 스티치로 시작선을 만들 경우, 스티치한 후 보조핀을 바로 뽑아주어야만 완성 후 시작선이 매끈하게 나옵니다.

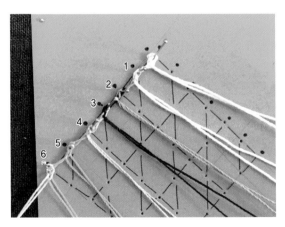

<u>*2-2*</u>　사진 과정처럼 순서대로 6번 핀 홀까지 스티치해줍니다.

<u>**3-1**</u>   7번 핀 홀 자리로 올라와 더블 스티치를 하고 핀을 꽂고 다시 더블 스티치를 해줍니다.

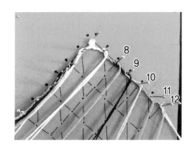

<u>**3-2**</u>   순서대로 12번 핀 홀까지 스티치한 다음 보조핀은 모두 뽑아줍니다.

<u>**4-1**</u>   1번과 2번 핀 홀의 보빈을 더블 스티치하고 13번 핀 홀에 핀을 꽂고 다시 더블 스티치해줍니다.

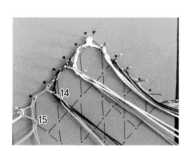

<u>**4-2**</u>   같은 방법으로 15번 핀 홀까지 스티치해줍니다.

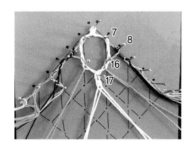

<u>**5-1**</u>   7번과 8번 핀 홀의 보빈으로 더블 스티치하고, 16번 핀 홀에 핀을 꽂아 다시 더블 스티치를 해줍니다.

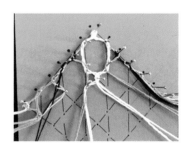

<u>**5-2**</u>   같은 방법으로 21번 핀 홀까지 스티치해줍니다.

<u>**5-3**</u>   같은 방법으로 21번 핀 홀까지 스티치해줍니다.

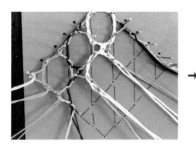

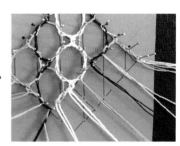

<u>**6**</u>   2∼5번의 과정과 동일한 방법으로 스티치해줍니다.

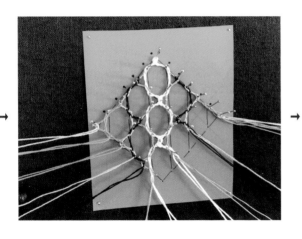

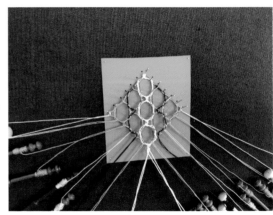

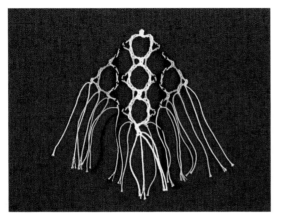

7__ 두 번 묶음으로 묶어주고 5~8cm 정도 여유를 남기고 잘라주면서 완성합니다.

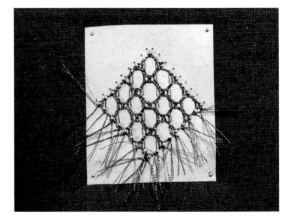

8__ 수록된 도안의 크기대로 작업했을 때 완성된 모습입니다(디아망 메탈릭사로 작업한 도안).

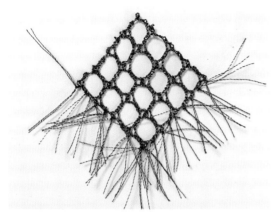

반제품을 사용해서 펜던트를 완성해보세요(p.122~123 참고).

Lace

기본에 기본을 더하다 2

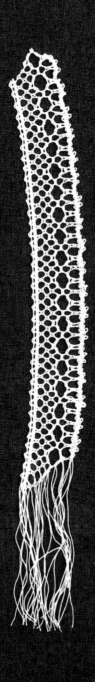

허니콤 그라운드가 들어간 엣징

◇◇◇◇◇◇◇◇

허니콤 그라운드 연습을 위한 반제품 장식(p.137)에서 허니콤 그라운드를 익혔으니
이젠 하나를 더해서 새로운 엣징을 만들어보려고 해요.
더블 스티치로 하는 허니콤 그라운드와 하프 스티치로 하는 토션 그라운드,
그리고 팬이 들어간 엣징이에요.
보빈레이스는 탑 쌓기와 비슷해서 하나에 하나를 더하고
그 위에 또 다른 하나를 더해서 크기를 키우며 더 멋진 작품을 만들어냅니다.
자, 하나하나 쌓아볼까요.

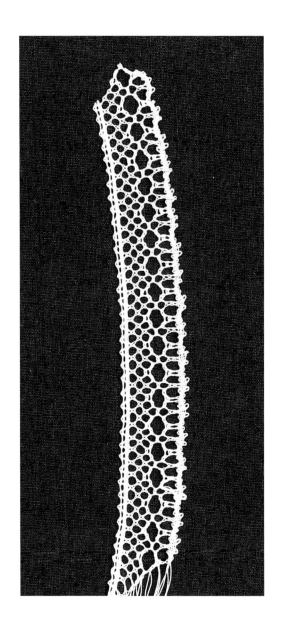

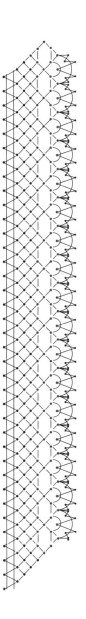

보빈 13쌍

사용 실 : DMC Cordonnet special(코르도네 스페셜) no.80

완성 사이즈 : 2×12cm

사용 기법 : 허니콤 그라운드, 홀 스티치, 토션 그라운드, 둥근 엣지, 두 번 묶음

스 티 치   기 법

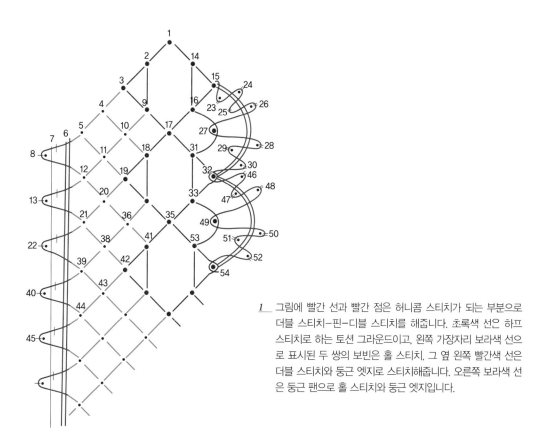

1   그림에 빨간 선과 빨간 점은 허니콤 스티치가 되는 부분으로
더블 스티치-핀-디블 스디치를 해줍니다. 초록색 선은 하프
스티치로 하는 토션 그라운드이고, 왼쪽 가장자리 보라색 선으
로 표시된 두 쌍의 보빈은 홀 스티치, 그 옆 왼쪽 빨간색 선은
더블 스티치와 둥근 엣지로 스티치해줍니다. 오른쪽 보라색 선
은 둥근 팬으로 홀 스티치와 둥근 엣지입니다.

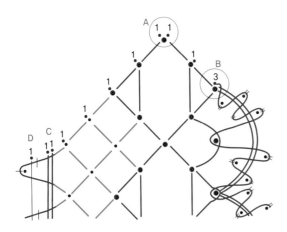

1-1 그림을 참고해서 보조핀을 꽂고 보빈을 걸어줍니다.

1-2 A 부분은 각각 보빈을 더블 스티치한 후 핀을 꽂고 다시 더블 스티치를 해줍니다. 그리고 바로 보조핀을 뽑아주세요.

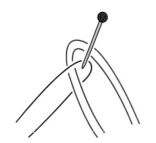

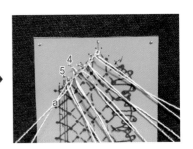

1-3 팬이 있는 B 부분은 보빈 두 쌍과 보빈 한 쌍을 그림처럼 걸어주세요.
C 부분은 두 쌍의 보빈이 워커와 홀 스티치로 스티치를 해줍니다.
D 부분은 한 쌍의 보빈이 워커와 더블 스티치와 둥근 엣지로 스티치를 해줍니다.

2 토션 그라운드 연습을 위한 북마크 (p.88)의 시작과 동일한 방법이지만
2-1 1, 2, 3번 핀 홀의 보빈은 더블 스티치하고 핀을 꽂은 다음 다시 더블 스티치를 하고 바로 보조핀은 뽑아주세요. 3번 핀에 더블 스티치 후 두 쌍의 보빈 중에서 왼쪽에 있는 보빈이 a 보빈이 되어 7번 핀 홀까지 워커가 되어 이동하게 됩니다.

2-2 4, 5번 핀의 보빈은 하프 스티치로 토션 그라운드를 해줍니다.

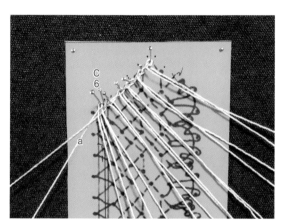

3-1 C 부분의 6번 핀 홀의 두 쌍의 보빈과 a 보빈을 홀 스티치로
스티치를 해준 다음 a 보빈에 트위스트를 1번 해줍니다.

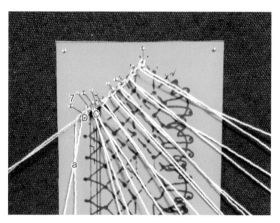

3-2 a 보빈과 D 부분의 7번 핀 홀의 보빈과 더블 스티치한 후 a
보빈에 트위스트를 1번 해줍니다. 핀을 꽂고 다시 더블 스티치한
후 둥근 엣지를 만들어줍니다.

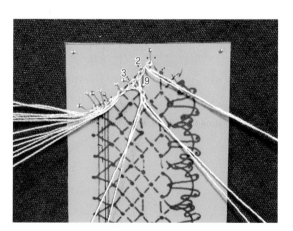

4 2번 핀의 보빈과 3번 핀의 보빈을 더블 스티치를 한 후 9번 핀
홀에 핀을 꽂고 다시 더블 스티치를 해줍니다.

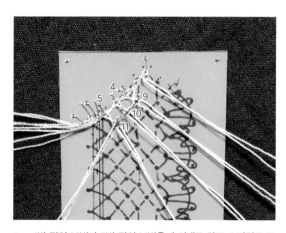

5 4번 핀의 보빈과 5번 핀의 보빈은 순서대로 하프 스티치로 토
션 그라운드를 하면서 10번과 11번 핀 홀에 각각 핀을 꽂아줍니다.

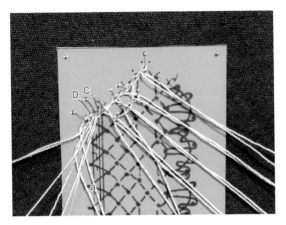

6-1 D의 한 쌍의 보빈과 a 보빈을 더블 스티치한 후 C의 두 쌍의 보빈과 a 보빈을 홀 스티치를 해줍니다.

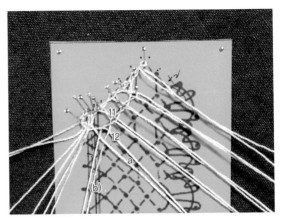

6-2 a 보빈에 트위스트를 1번 한 다음 11번 핀 홀의 보빈과 하프 스티치를 한 후에 12번 핀 홀에 핀을 꽂고 다시 하프 스티치를 해줍니다(이때 12번 핀 홀의 두 쌍의 보빈을 b 보빈으로 합니다).

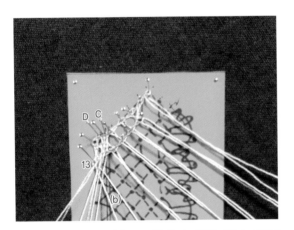

6-3 C의 두 쌍의 보빈과 b 보빈을 홀 스티치한 다음, b 보빈에 트위스트를 1번 해주고 D의 보빈 한 쌍과 더블 스티치해줍니다. b 보빈에 트위스트를 1번 더 해주고 13번 핀 홀에 핀을 꽂은 후 다시 더블 스티치하고 C의 두 쌍의 보빈과 홀 스티치해줍니다.

7 1번 핀의 보빈과 14번 핀의 보빈을 더블 스티치한 다음 14번 핀 홀에 핀을 꽂고 다시 더블 스티치해줍니다.

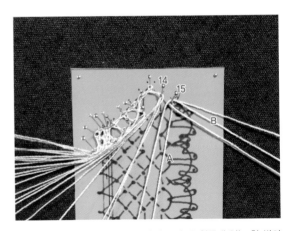

8-1 15번 보조핀 홀에 걸린 3쌍의 보빈 중 왼쪽에 있는 한 쌍의 보빈과 14번 핀 홀의 오른쪽에 있는 보빈을 더블 스티치한 후 15번 핀 홀에 핀을 꽂고 다시 더블 스티치해줍니다.

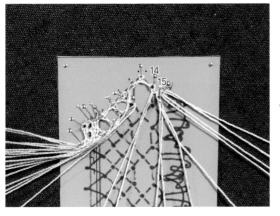 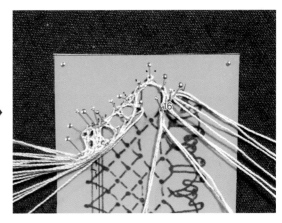

<u>8-2</u> 14번 핀 홀에 있는 보빈 한 쌍을 15번 핀 홀의 왼쪽 보빈과 더블 스티치한 후 핀을 꽂고,
다시 더블 스티치하는 방법으로 19번 핀 홀 자리까지 허니콤 그라운드를 해줍니다.

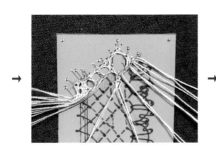 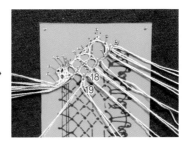 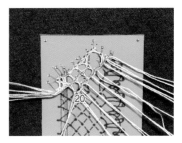

<u>9-1</u> 하프 스티치로 토션 그라운드하며
스티치를 진행합니다.

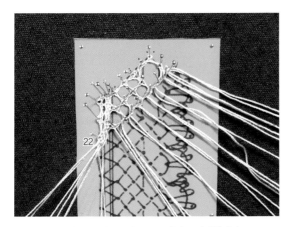 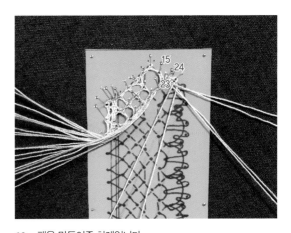

<u>9-2</u> 6번 과정과 동일한 방법으로 스티치를 진행합니다.

<u>10</u> 팬을 만들어줄 차례입니다.
<u>10-1</u> 15번 핀 홀에 걸린 3쌍의 보빈 중에서 왼쪽에 있는 보빈을
워커로 해서 오른쪽 두 쌍의 보빈을 홀 스티치한 다음, 워커에 트위
스트를 2번 한 후에 다시 두 쌍의 보빈과 홀 스티치합니다.

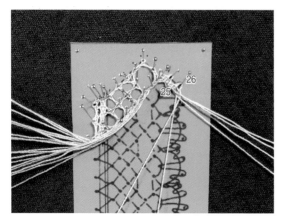

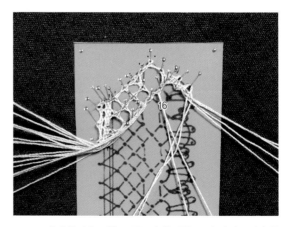

10-2 사진 과정에 따라 순서대로 홀 스티치로 스티치를 진행해 줍니다.

11-1 팬의 워커에 트위스트를 1번 한 다음, 16번 핀의 보빈과 홀 스티치하고 트위스트를 2번 해줍니다.

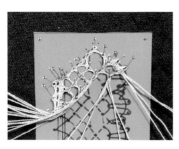

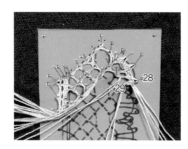

11-2 핀을 꽂고 다시 홀 스티치한 다음 각각 트위스트를 1번씩 해줍니다.

12 워커와 팬의 두 쌍의 보빈을 사진 과정처럼 순서대로 스티치를 해줍니다.

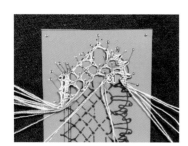

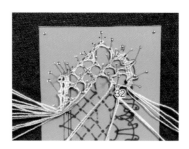

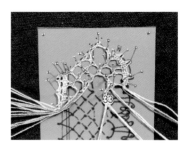

13 사진 과정처럼 두 쌍의 보빈을 더블 스티치한 다음 31번 핀 홀에 삔을 꽂고 다시 더블 스티치하며 허니콤 그라운드를 해줍니다.

14 11의 과정과 동일한 방법으로 스티치해서 32번 핀 홀에 핀을 꽂이줍니다.

15 사진 과정과 동일한 방법으로 순서대로 더블 스티치를 하면서 핀을 꽂고 다시 더블 스티치해서 허니콤 그라운드를 완성해줍니다.

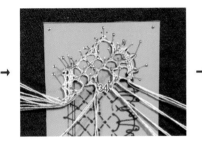 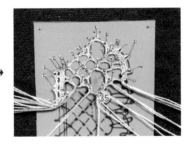 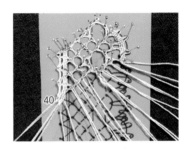

16　사진 과정과 동일한 방법으로 스티
치를 반복해줍니다.

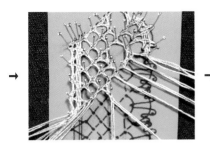 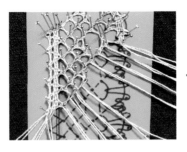 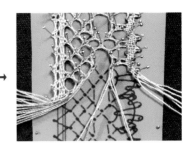

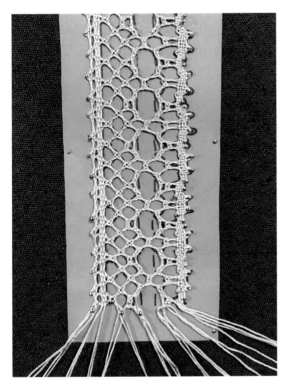

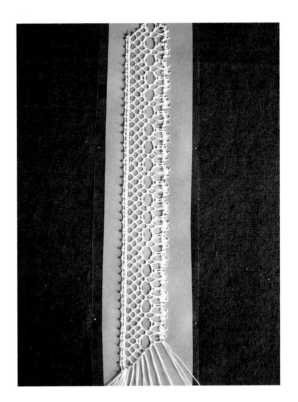

17　원하는 길이만큼 스티치한 후 두 번 묶음으로 마무리해서 잘
라줍니다.

Lace

기본에 기본을 더하다 3

김프가 들어간 더블 스티치 토션 그라운드 엣징

⬦⬦⬦⬦⬦⬦⬦

김프(Gimp)는 본 스티치에 사용하는 실보다 굵은 실을 사용해서
특별한 효과를 주려고 할 때 사용합니다.
동일한 색상을 사용하기도 하고, 다른 색상을 사용해서
다양한 무늬를 만들어낼 수도 있고, 윤곽선을 살려주기도 해서 번거로움에도 불구하고
기꺼이 선택하게 되는 매력적인 기법입니다.
토션레이스(Torchon Lace), 러시안레이스(Russian Lace), 벅스포인트레이스(Bucks Point Lace),
뒤셰스레이스(Duchesse Lace) 등 다양한 보빈레이스에 사용됩니다.
김프와 더블 스티치로 토션 그라운드를 하고
직사각형의 클로스 워크(Cloth work)를 함께 해보겠습니다.

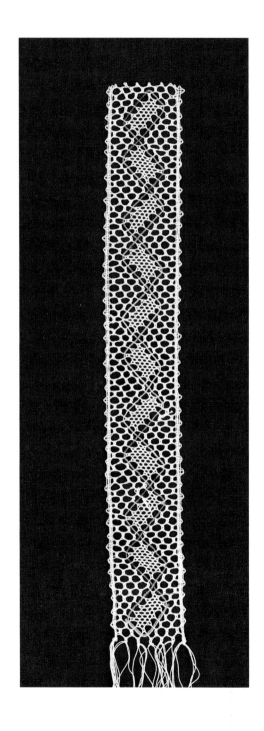

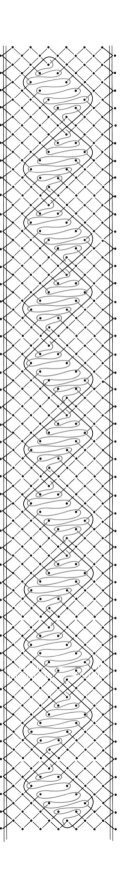

보빈 16쌍, 김프 한 쌍
사용 실 : DMC Cordonnet special(코르도네 스페셜) no.30 김프는 펄코튼 #12
완성 사이즈 : 3.2×21 cm
사용 기법 : 김프, 더블 스티치 토션 그라운드, 하프 스티치, 클로스 워크

스 티 치 기 법

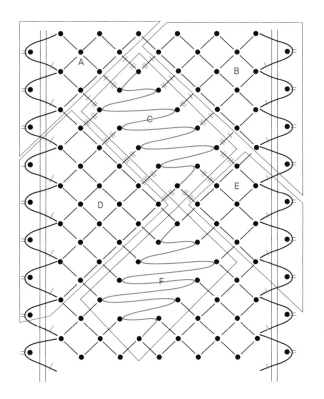

_1_ 시작선을 먼저 스티치해놓고 그림에서 보듯이
A부터 먼저 스티치한 다음에 B, C, D순으로 진행
합니다.

왼쪽에서 오른쪽으로 김프 스티치할 때   오른쪽에서 왼쪽으로 김프 스티치할 때

2   김프(Gimp)

김프는 트위스트가 2번 들어간 상태에서 위에 있는 보빈을 들어 그 사이로
김프용 실을 보빈에 넣어주고 다시 트위스트를 2번 해주게 됩니다.

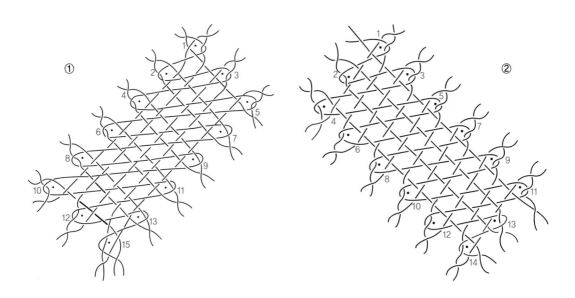

3   하쁘 스티치 클로스 워크(Half stitch cloth work)

다이아몬드 워크와 동일한 방법인데 직사각형 클로스 워크를 하프 스티치로 스티치해줍니다.
1의 그림에서 C 파트는 ②, F 파트는 ①의 모양으로 순서대로 스티치 진행합니다.
이번 편에서는 하프 스티치로 클로스 워크를 하게 되는데 엣지는 둥근 엣지이므로 마지막 엣지 보빈과 하프 스티치하고
워커에 트위스트를 1번 더 해준 후 핀을 꽂고 다시 하프 스티치해줍니다.

4   더블 스티치 토션 그라운드

앞의 그림에서 A, B, D, E는 더블 스티치로 토션 그라운드를 하고 엣지는 홀 스티치로 둥근 엣지로 스티치합니다.

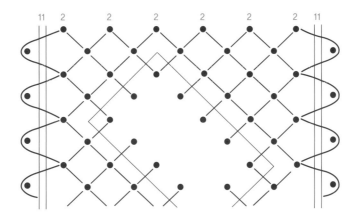

1-1 그림처럼 각 핀에 보빈을 걸어줍니다.

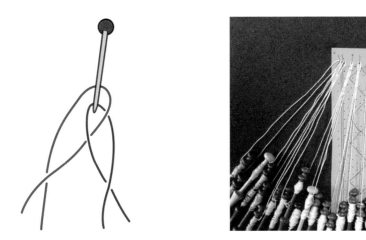

1-2 두 쌍씩 걸리는 1~6번 핀 홀의 보빈은 그림을 참고해서 걸어주세요.

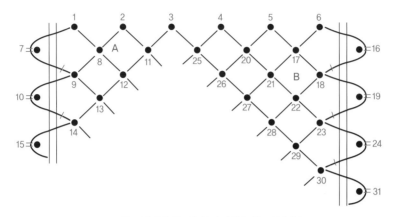

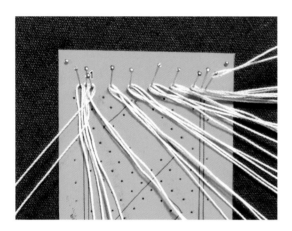

2-1 위 그림의 순서도와 사진 과정을 참고해주세요.

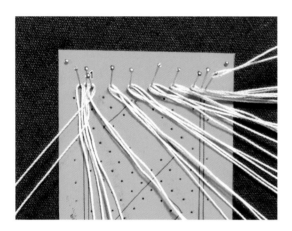

2-2 1번 핀에 걸린 보빈 두 쌍 중 왼쪽 보빈으로 왼쪽 두 쌍의 보빈(엣지 보빈)을 홀 스티치를 해줍니다.

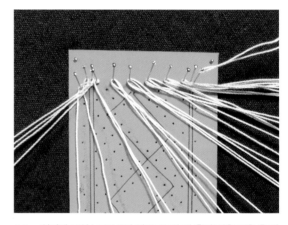

2-3 워커에 트위스트를 2번 해주고 7번 핀 홀에 핀을 꽂은 후 다시 두 쌍의 보빈과 홀 스티치를 해줍니다.

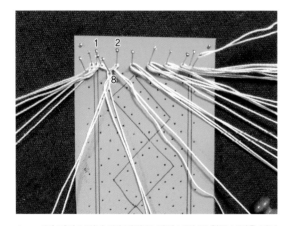

3-1 1번 핀의 보빈과 2번 핀의 두 쌍의 보빈 중 왼쪽 보빈을 더블 스티치한 다음 8번 핀에 핀을 꽂고 다시 더블 스티치해줍니다.

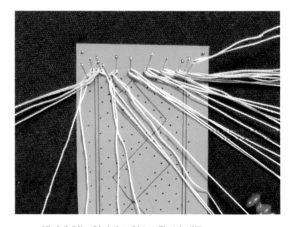

3-2 엣지에 있는 워커에 트위스트를 1번 해주고

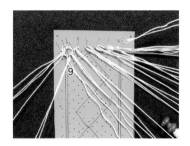

3-3 8번 핀의 보빈과 더블 스티치를 한 후 9번 핀 홀에 핀을 꽂고 다시 더블 스티치해줍니다.

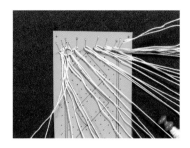

3-4 엣지인 두 쌍의 보빈과 홀 스티치하고 트위스트를 2번 한 뒤 핀을 꽂고 다시 홀 스티치해서 둥근 엣지를 만들어줍니다.

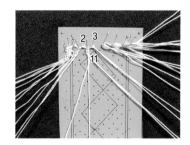

4-1 3번 핀으로 올라와 2번 핀의 보빈과 3번 핀의 왼쪽 보빈을 더블 스티치로 토션 그라운드를 해줍니다.

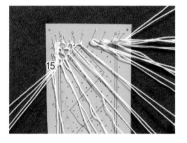

4-2 순서대로 3번 과정과 동일한 방법으로 15번 핀까지 스티치를 해줍니다.

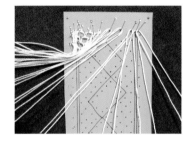

5 A 파트가 마무리되면, 보빈들을 왼쪽 옆으로 밀어두고 B 파트가 있는 부분으로 올라갑니다.

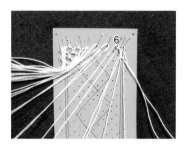

6-1 6번 핀의 2 쌍의 보빈 중 오른쪽 보빈으로 두 쌍의 엣지를 홀 스티치하고 트위스트 2번한 다음

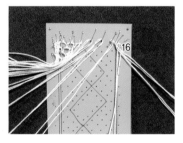

6-2 16번 핀 홀에 핀을 꽂아주고 다시 홀 스티치를 해줍니다.

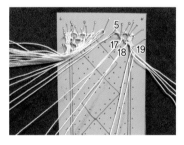

7 6번과 동일한 방법으로 스티치해서 B 파트를 마무리해줍니다.

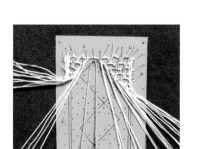

8 김프가 들어가는 C 파트입니다.
8-1 사진처럼 핀을 꽂고 핀에 김프 보빈을 걸어줍니다.

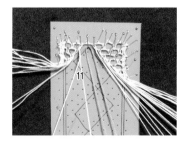

8-2 11번 핀의 보빈에 트위스트를 1번 더 해줍니다(2번의 트위스트가 만들어져 있어야 합니다).

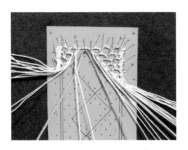

<u>8-3</u>　11번 보빈 중 위쪽에 있는 보빈을 들어 김프 보빈을 통과시켜 줍니다.

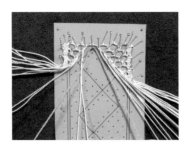

<u>8-4</u>　11번 보빈을 트위스트 2번 해줍니다.

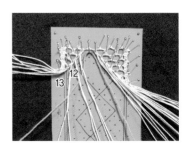

<u>8-5</u>　동일한 방법으로 12, 13번 보빈을 김프 스티치해줍니다.

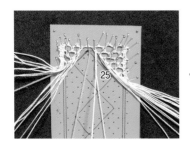

→

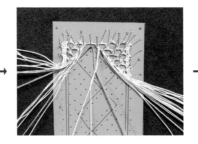

→

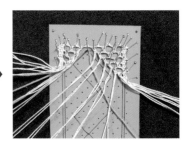

<u>9</u>　8번 과정과 동일한 방법으로 오른쪽 부분도 김프 스티치를 해줍니다.

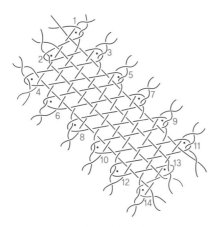

<u>10-1</u>　위의 순서도와 사진 과정을 참고해주세요.

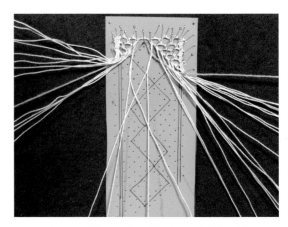

<u>10-2</u>　김프를 통과한 양쪽의 보빈을 하프 스티치해줍니다.

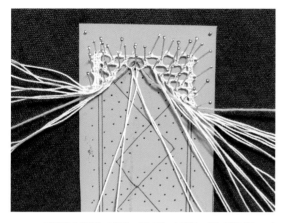
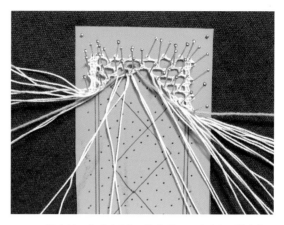

_10-3_ 오른쪽 보빈에 트위스트를 1번 더 해준 다음 핀을 꽂고 다시 하프 스티치해줍니다.

_10-4_ 위 순서도에 따라 2번 보빈과 하프 스티치하고 워커에 트위스트 1번 해준 다음에 핀을 꽂고 다시 하프 스티치를 해줍니다.

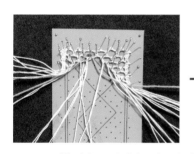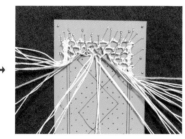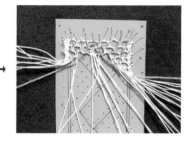

_10-5_ 동일한 방법으로 순서대로 김프 안쪽을 하프 스티치로 클로스 워크를 하며 스티치를 진행해줍니다.

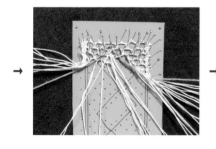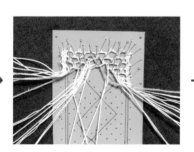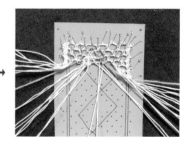

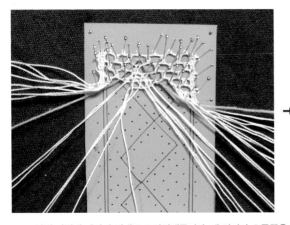 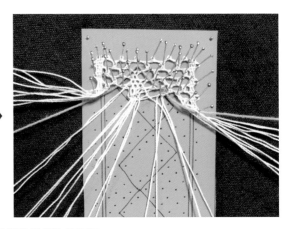

11   사진 과정에 따라 순서대로 스티치해줍니다. 매 단마다 오른쪽은 보빈이 한 쌍씩 추가되고
왼쪽은 스티치 하지 않고 빼는 보빈이 한 쌍씩 생겨서 워커를 포함한 총 5쌍의 보빈이 그대로
유지되어야 합니다.

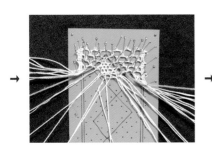 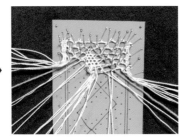 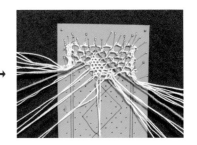

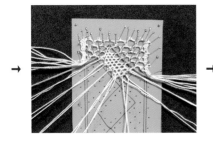 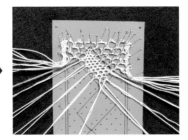 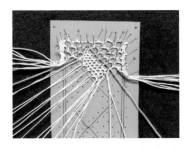

클로스 워크의 핀마다 한 쌍의 보빈이 걸려 있어야 합니다.

12-1   하프 스티치로 클로스 워크를 마친 후 각 보빈에 트위스드를 1빈씩 더 해줍니다.

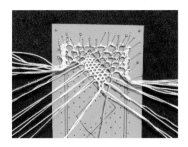

<u>*12-2*</u>   8번 과정과 동일한 방법으로 각 보빈과 김프 보빈을 김프 스티치를 해줍니다.

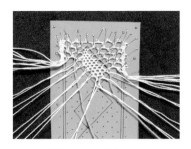

<u>*12-3*</u>   왼쪽도 같은 방법으로 김프 스티치를 한 다음 김프를 통과한 보빈들에 트위스트를 2번씩 해줍니다.

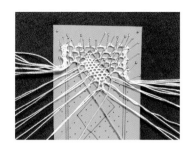

<u>*13*</u>   보빈을 통과한 김프는 사진처럼 서로 엇갈리게 꼬아줍니다.

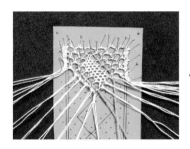

→

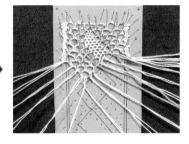

→

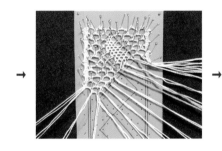

<u>*14*</u>   왼쪽 부분부터 3번 과정과 동일한 방법으로 스티치해줍니다.

→

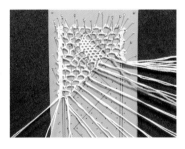

→

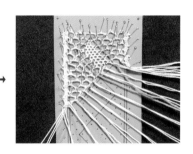

→

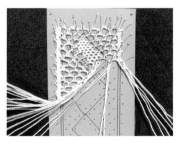

→

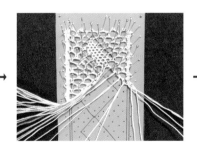

→

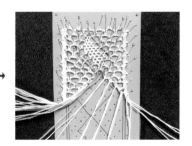

<u>*15*</u>   오른쪽 역시 6번 과정과 동일한 방법으로 스티치해줍니다.

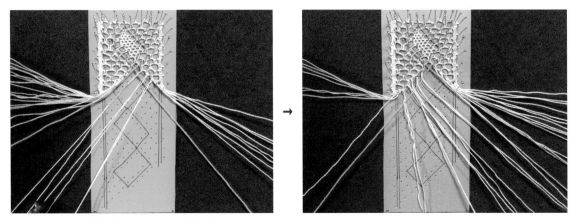

<u>16</u>   8번 과정과 동일한 방법으로 김프 스티치를 해줍니다.

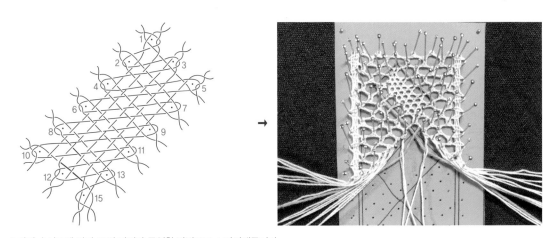

<u>17</u>   스티치 순서도에 따라 10번 과정과 동일한 방법으로 스티치해줍니다.

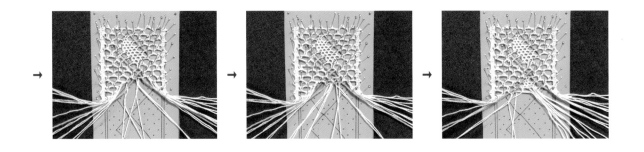

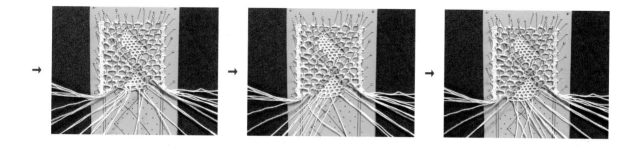

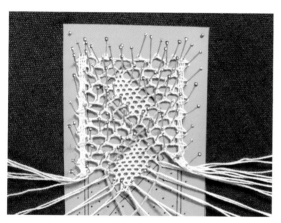

18　하프 스티치로 클로스 워크가 끝나면 각 보빈에 트위스트를 1번씩 더 해주고 8번과 동일한 과정으로 김프를 통과시켜 줍니다.

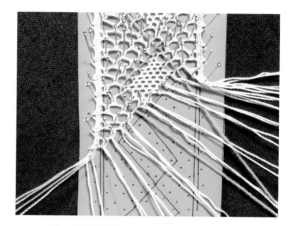

19-1　3번 과정과 동일한 방법으로 스티치해줍니다.

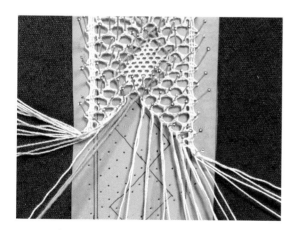

19-2　6번 과정과 동일한 방법으로 스티치해줍니다.

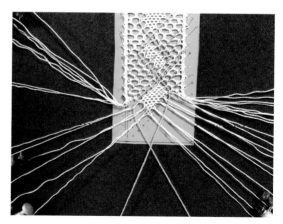

20　김프와 하프 클로스 워크도 8~11번 과정과 동일한 방법으로 스티치해줍니다.

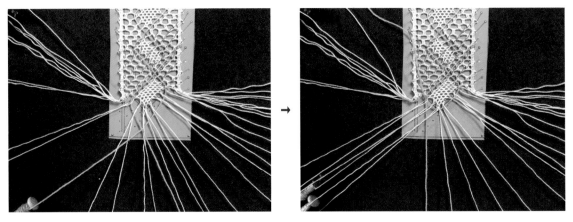

_21_ 김프의 마무리 : 마무리할 지점이 되면 김프를 통과한 보빈에 트위스트를 하지 말고
사진처럼 엇갈리게 김프가 보빈 사이를 통과하게 해서 한쪽에 김프가 두 줄이 들어가게
됩니다.

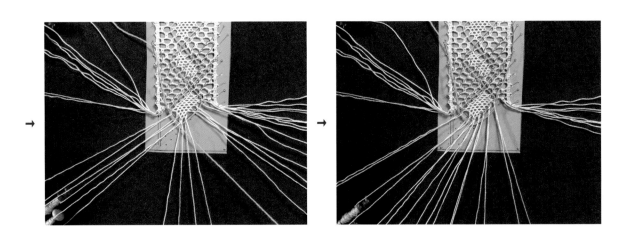

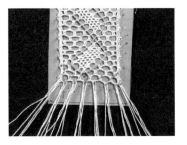
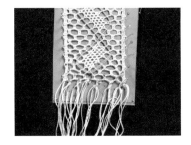

_22_ 김프 두 줄이 통과한 보빈은 트위스트를 2번씩 해주고
다음 스티치를 진행한 뒤에 두어 단 지났을 때 김프 실을 잘라
줍니다.

_23_ 두 번 묶음으로 마무리해줍니다.

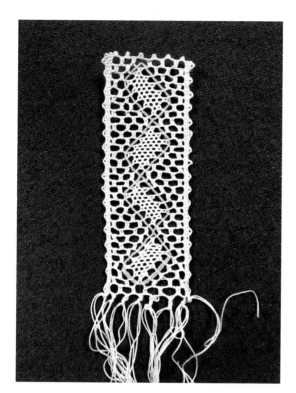

<u>24</u> 완성

사랑을 담아

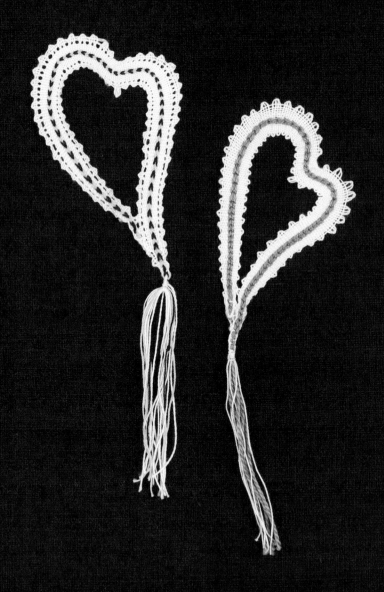

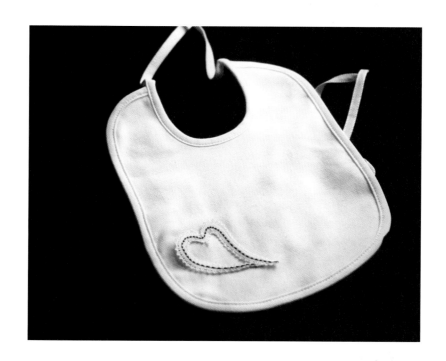

하트 모티브

◇◇◇◇◇◇◇◇

하트 모티브를 러시안레이스(Russian Lace)에서 주로 사용하는 기법으로 만들어보겠습니다.
러시안레이스는 이름 그대로 러시아 지역에서 발달된 보빈레이스로
10쌍 미만의 보빈으로 홀 스티치 위주로 스티치가 진행되는 특징을 가지고 있습니다.
배우기도 쉽고 응용 범위가 넓어서 많은 사랑을 받고 있습니다.

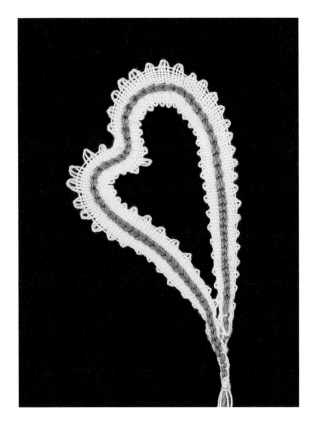

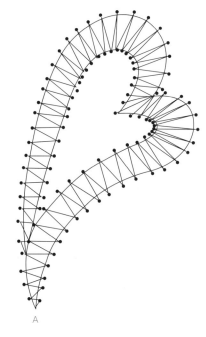

A

※보빈레이스는 작업할 때 보이는 면이 뒷면이기 때문에
완성 작품과 도안의 좌우가 반대로 되어야 합니다.

준 비 물

보빈 1한 쌍
사용 실 : 이집션 24/2 7쌍, 헤링본 스티치용 리즈베스 #10 두 쌍
완성 사이즈 : 5×7.5cm
사용 기법 : 홀 스티치, 헤링본 스티치, 둥근 엣지,
보빈 추가와 빼기, 코바늘 소잉 마무리, 두 번 묶음

시작

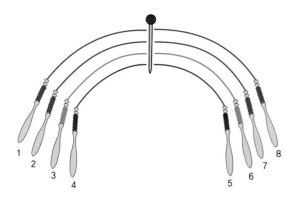

1-1 그림에서 보듯이 하나의 핀에 여러 쌍의 보빈이 한번에 걸리게 됩니다. 보빈이 섞이지 않게 순서대로 걸어주어야 합니다.

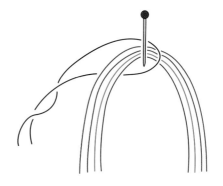

1-2 워커가 될 보빈을 그림처럼 여러 쌍의 보빈 사이로 통과해서 왼쪽으로 나오게 걸어줍니다.

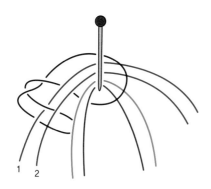

1-3 워커를 트위스트 2번 하고 핀을 꽂은 후 1번과 2번 보빈을 홀 스티치해줍니다.

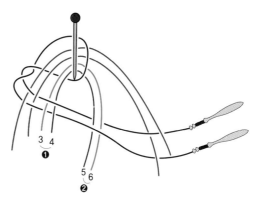

1-4 3번과 4번 보빈을 하나의 보빈으로 하고, 5번과 6번 보빈 역시 하나의 보빈으로 생각하고 홀 스티치해줍니다.

2 헤링본 스티치

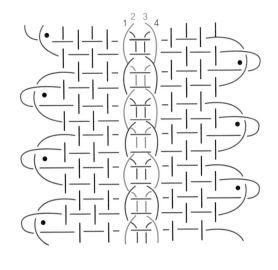

두 쌍의 보빈 중에서 2번, 3번 보빈을 손으로 잡고 들어서 그 사이로 워커를 통과시킨 다음 2번 보빈은 1번 보빈의 왼쪽 옆, 3번 보빈은 4번 보빈의 오른쪽 옆에 놓아주는 기법입니다.

매 단마다 반복해주기도 하고 첫 번째 단은 정상적으로 홀스티치를 한 후 두 번째 단을 헤링본 스티치로 해주는 식으로 다양하게 변화를 주며 사용할 수 있습니다.

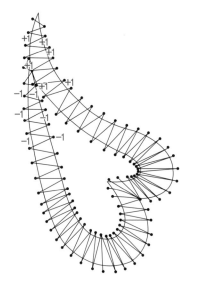

3 보빈을 더하고 빼기

그림에서 "+1" 로 표시된 부분은 보빈 한 쌍을 추가하는 부분이고 "−1" 로 표시된 부분은 보빈 한 쌍을 빼는 부분입니다.

4-1 피봇(Pivot : 혹은 백 스티치 Back Stitch)

뾰족하거나 곡선 등 경사가 급한 부분에 많이 쓰이게 되는데 오목한 지점에 있는 엣지를 워커가 스티치하지 않고 핀에 바로 걸친 다음 엣지의 아랫부분으로 워커를 통과시키고 다음 스티치를 진행해줍니다.

4-2 도안에서 위 그림의 둥근 선에서 오목한 부분에 피봇을 하게 됩니다.

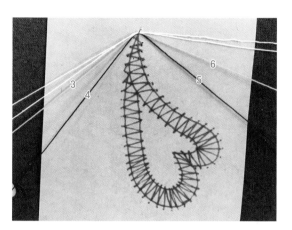

1-1　스티치 기법 1(p.173) 그림처럼 보빈을 걸어주세요. 헤링본 스티치를 할 보빈은 3, 4, 5, 6번 보빈 자리에 위치해야 합니다.

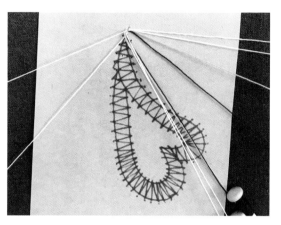

1-2-1　워커 한 쌍을 스티치 기법 1(p.173) 2번째 그림과 같은 방법으로 걸어주고

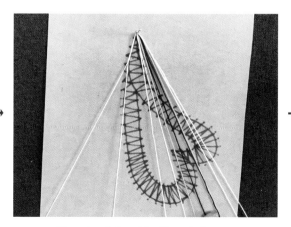

1-2-2　트위스트를 2번 해준 다음 핀은 꽂지 말고

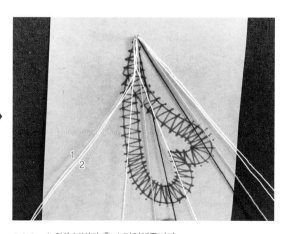

1-2-3　1, 2번 보빈과 홀 스티치해줍니다.

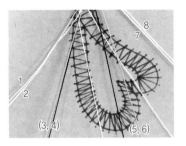

1-3 3, 4번 보빈을 한 가닥의 보빈이라고 생각하고, 마찬가지로 5, 6번 보빈도 한 가닥의 보빈이라고 생각하고 워커와 3, 4번 보빈과 5, 6번 보빈을 홀 스티치해줍니다.

1-4 마지막 7, 8번 보빈까지 홀 스티치 하고 워커에 트위스트를 2번 해주고 핀을 꽂고 홀 스티치해줍니다.

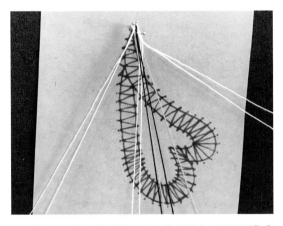

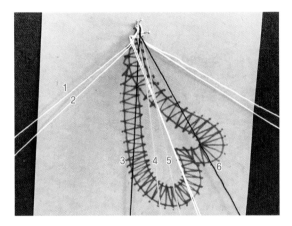

2 위의 1-3번과 같은 방법으로 3, 4번 보빈과 5, 6번 보빈을 홀 스티치한 뒤 1, 2번 보빈까지 홀 스티치와 둥근 엣지를 해줍니다.

3 이제 헤링본 스티치를 할 차례입니다. 스티치 기법 2(p.174)를 참고해주세요.
3-1 4번과 5번 보빈을 손으로 잡고 위로 든 상태에서 워커를 그 사이로 통과시켜 줍니다.

3-2 4번 보빈을 3번 보빈 자리로 놓고, 5번 보빈을 6번 보빈 자리에 놓아줍니다.
Tip. 보빈레이스에서 무조건 왼쪽부터 1, 2, 3, 4번 순으로 위치 번호가 주어집니다.

3-3 엣지와 홀 스티치를 한 다음 트위스트 2번 하고 핀만 꽂아주고 아직 홀 스티치는 하지 않습니다.

4 보빈 한 쌍을 추가할 거예요.

4-1 사진에서 연두색 보빈이 추가하는 보빈입니다. 7번과 8번 보빈의 사이에 핀을 꽂고 보빈 한 쌍을 걸어준 다음 사진처럼 7번과 8번 보빈 사이에 서로 엇갈리게 보빈을 놓아줍니다.

4-2 워커가 순서대로 홀 스티치를 해줍니다. 그러면 헤링본 오른쪽 편에 보빈이 총 두 쌍이 있게 됩니다.

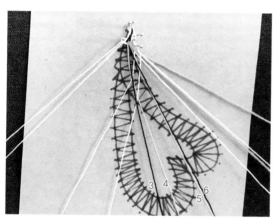

4-3 4, 5번 보빈을 들고 사이로 워커를 통과시켜준 4번 보빈은 3번 보빈 자리로, 5번 보빈은 6번 보빈 자리로 이동시켜 주는 헤링본 스티치를 해줍니다.

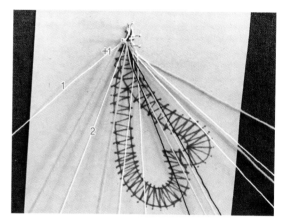

4-4 1번과 2번 보빈 사이에 핀을 꽂고 보빈 한 쌍을 걸어준 다음 사진처럼 엇갈리게 보빈을 놓아주면서 보빈 한 쌍 추가해줍니다.

4-5 순서대로 홀 스티치한 나음 트위스트를 2번 한 후 핀을 꽂고 다시 홀 스티치 해줍니다.

5 두 딘을 더 홀 스티치와 헤링본 스티치를 해준 후 보빈을 양쪽에 가 한 쌍씩 추가시켜 줍니다.

6 같은 방법으로 스티치를 반복하며 두 단마다 보빈을 양쪽에 각각 한 쌍씩 추가합니다. 총 6쌍의 보빈 추가를 마치고 나면 하트의 오목한 부분에 이르기 전까지 홀 스티치와 헤링본 스티치를 하며 계속 스티치를 진행합니다(더 이상 보빈 추가는 없습니다).

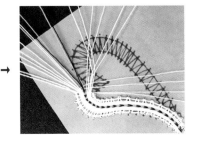

7 피봇(백 스티치)할 차례입니다. 스티치 기법 3(p.174)을 참고해주세요

7-1 하트의 오목한 지점에 오면 사진 과정처럼 오른쪽 엣지는 스티치하지 말고 바로 핀에 워커를 걸어줍니다. 이때 새로 핀을 꽂아주는 게 아니라 앞단에 꽂아둔 핀에 워커를 걸게 됩니다.

7-2 엣지를 들어 워커를 엣지의 아래로 통과시켜 준 다음 엣지를 내려놓고 워커는 다음 보빈과 홀 스티치를 하고 헤링본 스티치를 해줍니다. 피봇은 오목한 지점에 서만 진행되고 반대편은 정상적으로 스티치를 합니다. *Tip.* 오목한 부분을 피봇으로 완성하고 나서 다음 단을 스티치해준 뒤에는 피봇의 핀을 뽑아서 보빈들을 살살 당겨서 스티치 선을 고르게 정리해주세요.

8   피봇이 끝나고 나면 홀 스티치와 헤링본 스티치를 반복하며 스티치를 진행해주세요.

9   이제는 보빈을 한 쌍씩 빼서 보빈의 갯수를 줄여줄 거예요. 사진에서와 같이 3, 5번 보빈을 스티치하지 말고

9-1   위로 올려서 다른 핀에 걸어주세요.

9-2   위에 걸쳐둔 보빈을 제외한 나머지 보빈을 순서대로 스티치해주세요.

9-3   헤링본 스티치한 후에 위와 동일한 방법으로 오른쪽도 보빈 한 쌍을 빼고 스티치해줍니다.

9-4   같은 방법으로 2단마다 양쪽에 한 쌍씩 보빈을 빼면서 스티치를 진행합니다.

→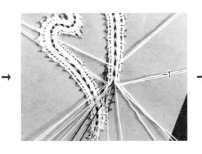

→

→

9-5   총 6쌍의 보빈을 빼줍니다.
Tip. 보빈을 뺄 때 절대로 바로 옆에 있는 보빈과 같이 빼면 안 되고 2번과 4번, 3번과 5번의 식으로 가운데 하나는 남겨두고 양옆의 보빈을 하나씩 빼줘야 합니다.

10   마무리할 차례입니다.
10-1   소잉할 지점이 오면 헤링본 스티치는 앞의 1-4와 같은 방법으로 홀 스티치로 해줍니다.

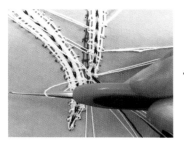  

10-2 각 코바늘 소잉을 해준 다음 두 번 묶음으로 마무리를 해줍니다.

10-3 잘라주고 핀을 뽑고 떼어냅니다.

10-4 꼬리를 남겨둘 경우는 2번 과정까지만 한 다음 자르지 말고 토션 그라운드 연습을 위한 북마크(p.92~93)의 마무리를 참고해서 꼬리를 남겨두면 됩니다.

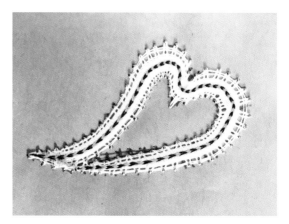

11 완성

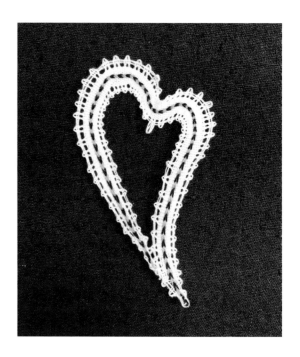